はじめての**熱帯魚**と水草

アクアリウム BOOK

監修
水谷尚義　森岡篤

AQUARIUM

JN204863

主婦の友社

contents

空間を彩る
インテリア・アクアリウム

アクアリウムとは、熱帯魚や水草、木や石などのアクセサリーのバランスを考え、美しく作り上げた水槽のこと。
アクアリウムは、それを観賞することが第一の楽しみだが、
インテリアとして部屋に飾り、空間を演出することで魅力が倍増する。
ここでは、アクアリウムのインテリアとしての魅力的な見せ方を紹介しよう。

ポイントさえ押さえれば、
設置したい場所におくのが正解

　だれしも頭を悩ますのが、水槽の設置場所。アクアリウムは観賞して楽しむものなので、自分が見たい場所や目につく場所に設置するのがいちばんいい。

　不安定な場所や直射日光が当たる場所は避けて、自分の好きな場所においてみよう。

　せっかく丹精込めて作ったアクアリウムなのだから、美しく飾りたいと思うのは当然。ここはダメ、あそこはダメと考えるより、設置したいと思う場所の環境をととのえて、そこに水槽を設置するほうが、ずっとアクアライフを楽しめるのだ。

Case 1

個性があらわれる窓辺に

窓辺は、住む人の趣味や個性がよくあらわれるスペース。直射日光に当てないように気をつけて設置してみよう。植物といっしょに飾ると、水槽の「動」と植物の「静」が互いを引き立てる。

水槽サイズ　W490 × D180 × H300（㎜）

家族だんらんの中心に

Case 2

家族がゆったりと過ごすリビングは、アクアリウムを楽しむ場所としていちばん効果的。花を生けるように赤や黄色の鮮やかな魚を泳がせたり、水草を茂らせることで部屋の雰囲気が明るくなる。見ていて飽きない熱帯魚は、家族の会話も盛り上げる。

W350 × D250 × H250（mm）

Case 3 玄関で活力といやしを

出かける前に見ると元気になって、帰ってきてながめるとほっとする。玄関にアクアリウムがあると、熱帯魚からさまざまなパワーがもらえる。また、自慢のアクアリウムが玄関にあれば、訪ねてきた人にさりげなく披露することもできる。
W313 × D263 × H310(mm)

Case 4 部屋の照明として

水槽からの光は意外と明るく、部屋の照明として使えば、蛍光灯や間接照明にないすてきな空間を演出してくれる。シンプルな部屋の印象を変えるアクセント・アイテムとしておくのもいいだろう。水槽や器具もおしゃれなデザインのものがふえてきているので、お気に入りをさがしてみよう。
W360 × D300 × H310(mm)

Case 5 家事の間のリフレッシュに

小型水槽は、その重さに耐えられるカウンターや机、テーブルであれば、問題なくおける。たとえばキッチンにおいて家事の合間にながめれば、気分転換になって作業もはかどるはず。ただし小型水槽は外気の影響を受けやすいので、水温の上昇に気をつけたい。
W300 × D300 × H300(㎜)

おきたい場所に合わせて水槽サイズを選ぶのがコツ

初めての場合、水換えやメンテナンスに時間と手間がかかるので、水場の近い玄関先や作業スペースの広いリビングなどに設置したほうが無理がない。

また、60cm以上の大型水槽は重量が60kg以上にもなり、専用の台が必要になるので、その台がおける場所に限られる。

しかし水槽のサイズを考慮すれば、自分の好きな場所におくこと

も十分できる。たとえば45cmの水槽なら、自分の部屋や寝室におくこともできる。しっかりとしたつくりの机や棚において楽しもう。

キッチンや洗面所などの狭いスペースには、40cm以下の小型水槽が便利。そのほかの器具も、水槽からあまりはみ出さないタイプのものもあるので、おく場所に合わせてさがしてみよう。

設置場所のチェックポイント

- しっかりした平坦な場所
- 直射日光が当たらない場所
- 振動が少ない場所
- 水道や下水に近い場所

寝室や書斎で
お気に入りをじっくりと

自分だけのスペースだからこそ、お
気に入りの熱帯魚を一匹だけ水槽に
入れて、じっくりと飼う人は意外と
多い。水槽も部屋の雰囲気に合わせ
て自由に楽しんでみよう。困ったと
き、悩んだときに悠々と泳ぐ魚をな
がめていれば、思いがけないアイデ
アが浮かぶかもしれない。
W510 × D258 × H380(㎜)

［第1章］

憧れの
水槽レイアウト

水槽という小さな世界を自分で作り上げる喜び。
ここでは、プロのテクニックとセンスを思う存分楽しんでもらいたい。

ダイナミック超自然派

大型水槽の特性を生かした大迫力のレイアウト。高さのあるオランダプラントや、ボリュームのあるミクロソリュウム・プテロプスなど、存在感のある水草でスケールの大きさを表現。その中を群泳するブラックネオンテトラの美しさが圧巻。

体が虹のように輝くアノマロクロミス・トーマシー。水草につく不要な貝を食べるので、貝対策としても重宝する。

全身にわたるパールの模様が美しいパールグラミー。体長はやや大きめだが丈夫で、初心者でも飼いやすい。

◆水槽データ

水槽サイズ (mm)	900 × 450 × 600
水温 （度）	26
pH	6.5
底床	プロジェクトソイルエクセル　礫 S サイズ
照明	150 W × 2 灯（メタルハライドランプ）
フィルター	エーハイム 2213　エーハイム 2217
CO_2	3 滴／秒
肥料	液肥
魚	パールグラミー
	ブラックネオンテトラ
	ヤマトヌマエビ
	オトシンクルス
	アノマロクロミス・トーマシー

◆使用アイテム（石・流木・水草など）

アクセサリー	石　流木	
水草	A	オランダプラント
	B	ロタラ・SP "グリーン"
	C	ミクロソリュウム・プテロプス
	D	ボルビディス・ヒュデロッティ
	E	アルテルナンテラ・リラキナ
	F	タイガーロータス
	G	アマゾンチドメグサ
	H	アルテルナンテラ・レインキー
	I	ブリクサ・"ショートリーフ"
	J	ウィローモス

レイアウト（真上から見た図）

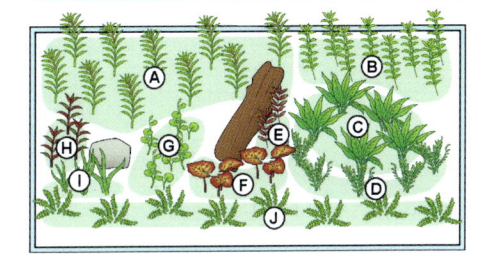

育てやすい水草の代表格、ミクロソリュウム・プテロプス。強い光や CO_2 がなくても容易に育てられる。

ブラックネオンテトラはおとなしい性格で、混泳向き。群泳させると、その美しさを発揮する。

タイガーロータスはその特徴ある色と形状から、レイアウトのアクセントとして使われることが多い。

古都のわびさび派

京都の寺をイメージして、石組みを基調としたレイアウトとなっている。万天石をふんだんに使い、水草の背丈はあえて高くせず、バックのブルーのスクリーンで明るい印象に。また、前景にはグロッソスティグマを敷き詰めて空間をつくることで、ダイナミックな景観が楽しめる。

グロッソスティグマは、前景水草の定番。大型水槽の前面に敷き詰めるとこんなに美しい前景を作り出してくれる。

ロタラの仲間の水草は、光に向かってまっすぐ伸びるのでバックを飾るのに向くが、光が弱いとねじれてしまう。

◆水槽データ

水槽サイズ(mm)	900 × 450 × 450
水温（度）	26
pH	6.8 〜 6.9
底床	アクアソイル　アフリカーナ
照明	メタルハライドランプ 150W、蛍光灯 20W × 2 灯
フィルター	ADA スーパージェットフィルター ES-1200
CO_2	なし
肥料	なし
魚	カージナルテトラ

◆使用アイテム（石・流木・水草など）

アクセサリー		ADA　万天石
水草	A	グロッソスティグマ
	B	ロタラ・ロトンジフォリア "グリーン"
	C	ロタラ・インジカ・"グリーン"
	D	ロタラ・マクランドラ・"グリーン"
	E	ニードルリーフルドウィジア
	F	ラージパールグラス
	G	ポリゴナム sp.
	H	ブリクサ・"ショートリーフ"
	I	ネサエア
	J	マヤカ

レイアウト（真上から見た図）

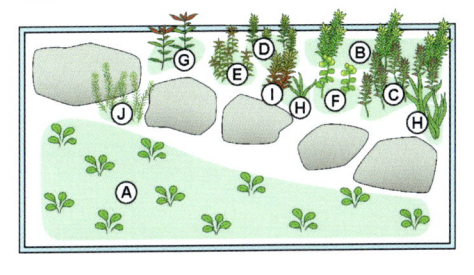

若い松葉のような葉を持つマヤカは、全体的に和をイメージさせるレイアウトの大きなポイントになっている。

カージナルテトラのような小型熱帯魚のだいご味はなんといっても群泳。150 匹が群れで泳ぐ姿は、ため息が出る。

P A R T
3
60cm

野生の息吹派

火山のふもとを彷彿させるワイルドなレイアウト。主役の溶岩石は、背面に固定してバックスクリーン状にすることで、飛び出すような迫力を生んでいる。シペルスやミクロソリュウム・プテロプスの透明感のあるグリーンが、溶岩石のかたさを緩和し、バランスをとっている。

メタリックボディに虹色の輝きを持つコンゴテトラ。元気よく泳ぎ回るので水槽外への飛び出しに注意。

アルビノコリドラスは、美しい白色の体とユーモラスな泳ぎ方が相まって、水槽内でよいアクセントになる。

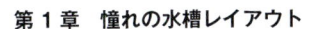

◆ 水槽データ

水槽サイズ (mm)	600 × 300 × 450
水温（度）	26
pH	7.0
底床	溶岩砂利
照明	36 W × 2 灯（アクシーニューツイン 600）
フィルター	エーハイム 2234（外部式）
CO_2	なし
肥料	なし
魚	コンゴテトラ
	アルビノコリドラス
	ヤマトヌマエビ
	オトシンクルス

◆ 使用アイテム（石・流木・水草など）

アクセサリー	溶岩石　流木
水草	A　シペルス
	B　ミクロソリュウム・プテロプス
	C　アヌビアス・ナナ
	D　ブリクサ・"ショートリーフ"
	E　ウィローモス
	F　バブルモス

レイアウト（真上から見た図）

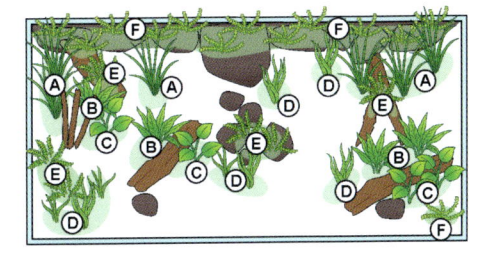

さまざまな品種があり、丈夫なアヌビアス・ナナは、流木や石に巻きつけて活着させるとよく育つ。

ブリクサ・"ショートリーフ"は、前景草にぴったり。間隔をあけて広範囲に植えると自然な雰囲気がつくれる。

ウィローモスは、流木に巻きつけて活着させるとよい。今回は、流木と溶岩石の接地面を隠すために使用。

晴れやかな午後の公園派

やわらかい光に包まれた、おだやかな公園風。さまざまな色の水草を左右対称に植えて、水槽全体の明るさと一体感を出した。魚がのびのび泳げるようにつくった中央の空間がポイント。

ラスボラ・エスペイは、群泳させると美しい。淡いオレンジ色がブルーの背景に映え、水槽内を華やかにする。

ロタラ・ロトンジフォリアは、生育が早く肥料の添加とトリミングで、簡単にボリュームが出せる。

◆水槽データ

水槽サイズ(mm)	600 × 300 × 360
水温（度）	25
pH	6.5 〜 6.8
底床	シュリンプ一番サンド
照明	55 W × 2 灯（アクシーパワーツイン 600
フィルター	エーハイム 2213
CO_2	2 滴／秒
肥料	レッドシー低床肥料
魚	ラスボラ・エスペイ
	ゴールデンハニードワーフグラミー
	オトシンクルス
	ヤマトヌマエビ
	サイアミーズ・フライングフォックス

◆使用アイテム（石・流木・水草など）

アクセサリー	石	
水草	A	エレオカリス・ビビパラ
	B	ツーテンプルプラント
	C	ロタラ・ロトンジフォリア
	D	ロタラ・マクランドラ
	E	ミニノチドメ
	F	グロッソスティグマ

レイアウト（真上から見た図）

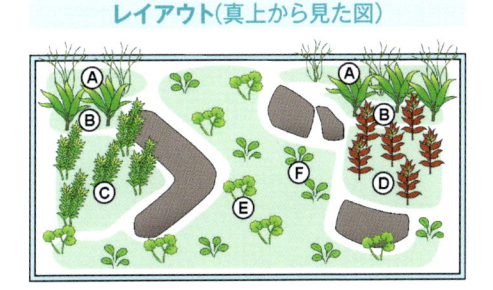

まとめて植えたミニノチドメが、水槽全体のやさしい
印象をつくっている。

ゴールデンハニードワーフグラミー
は、美しい色彩が最大の特徴。小型
種の魚であれば混泳できる。

鮮やかな赤色が、ひときわ目を引くロタラ・マクランドラ。
鉄分を含んだ肥料と強い光を与えると赤みが強くなる。

19

PART 5 60cm

空間の美学派

大ぶりの溶岩石を使い、リシアの特徴を生かしたレイアウト。リシアには気泡もびっしりで状態のよさを物語っている。シンプルに見えるが、水槽のダイナミズムを感じさせる。存分に魚の群泳を楽しめるレイアウトだ。

全体的に引き締まったレイアウトの中で、カージナルテトラの魅力を最大限に引き出している。

細い葉が特徴のブリクサ・spベトナムナローリーフは、レイアウトの中でも見劣りしないポイントになっている。

◆ 水槽データ

水槽サイズ (mm)	600 × 300 × 360
水温 （度）	26.6
pH	6.4
底床	コントロソイル
照明	20W × 4 灯
フィルター	エーハイム 2222
CO_2	なし
肥料	なし
魚	カージナルテトラ
	ラスボラ・エスペイ
	レッドファントムテトラ

◆ 使用アイテム（石・流木・水草など）

アクセサリー	溶岩石
水草	A　リシア
	B　ロタラ・マクランドラ
	C　ヘアーグラス
	D　ブリクサ・sp ベトナムナローリーフ

レイアウト（真上から見た図）

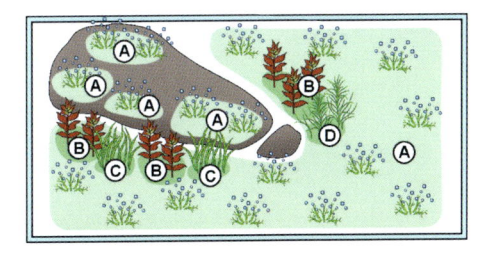

本来は水面に浮き生長するリシア。これだけの量を岩や底床に付着させるには、かなりの手入れが必要だ。

ロタラ・マクランドラの赤が入ることで寂しくなりがちなレイアウトに花を添えている。

ロタラ・マクランドラとの同系色でレッドファントムテトラを入れた。カージナルテトラとの混泳相性も抜群だ。

ナチュラル川底派

鮮やかなアメリカンウォータースプライトと、明るい色の川石の組み合わせがグッピーを引き立てている。左後方から右前方への傾斜で奥行き感と立体感を出し、川石がくずれやすい砂をせき止める役割を果たしている。

その名のとおり、美しいモザイク柄のモザイクグッピー。明るい緑の中、ひときわ美しさがきわ立つ。

水上葉は比較的薄い緑で、水中葉はぐんと濃い緑になるクリプトコリネ・ルーケンス。育成も容易で大きく育つ。

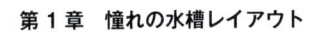

◆ 水槽データ

水槽サイズ (mm)	600 × 300 × 360
水温（度）	26
pH	6.5 ～ 7.0
底床	グッピー安心サンド
照明	20W × 2 灯
フィルター	底面＋上部フィルター
CO_2	なし
肥料	なし
魚	モザイクグッピー

◆ 使用アイテム（石・流木・水草など）

アクセサリー	川石
水草	A　アメリカンウォータースプライト
	B　アマゾンソードプラント
	C　クリプトコリネ・ペッチィ
	D　クリプトコリネ・ルーケンス
	E　クリプトコリネ・ウンデュラータ・"レッド"
	F　エキノドルス・テネルス
	G　アマゾンハイグロ
	H　南米ウィローモス

レイアウト（真上から見た図）

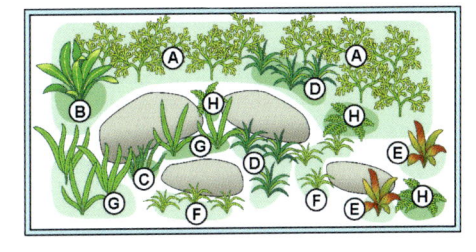

ロゼット型水草の代表種・アマゾンソードプラント。りっぱに生長し、水槽にボリュームを持たせてくれる。

アメリカンウォータースプライトを背景のほとんどに配したことで明るい印象となっている。

細く短い葉を持つエキノドルス・テネルスは、一度落ち着いてしまえば簡単に育成できるので、今後が楽しみだ。

23

ほのぼのなごみ派

PART
7
45cm

手前に砂地でスペースを作ったこのレイアウトは、魚の遊びやすさを第一に考えたもの。魚たちが安心して遊ぶほのぼのとした姿は、いつまでもながめていたくなる。ライトグリーン系の水草の中に、赤色のアマニア・グラキリスや流木などを入れ、明るさの中に深みを出した。

目の周りの模様がかわいらしいコリドラス・パンダ。
やや神経質なので、数匹単位で入れて慣らすとよい。

バリスネリア・スピラリスは、葉がテープ状に伸び、
高さが表現できるので後景向き。

グリーンと赤のコントラストが美しいロタラ・マクラ
ンドラ・"グリーン"は、こまめなトリミングが必要。

◆水槽データ

水槽サイズ (mm)	450 × 450 × 450
水温（度）	26
pH	6.8
底床	ボトムサンド・シュリンプ一番サンド
照明	アクシーニュー・ツイン 450 × 2 灯(27 W × 4)
フィルター	エーハイム 2213
CO_2	添加あり
肥料	固形肥料
魚	コリドラス・パンダ
	コリドラス・ステルバイ
	コリドラス・オイアポクエンシス
	ニューギニアレインボーフィッシュ

◆使用アイテム（石・流木・水草など）

アクセサリー		枝流木
水草	A	バリスネリア・スピラリス
	B	アマニア・グラキリス
	C	ウォーターウイステリア
	D	ウォーターバコパ
	E	ロタラ・マクランドラ・"グリーン"
	F	グリーンロタラ
	G	クリプトコリネ・ウェンディ・"グリーン"
	H	オーストラリアンドワーフハイドロコタイル
	I	グロッソスティグマ
	J	南米ウィローモス

レイアウト（真上から見た図）

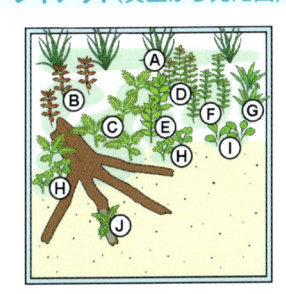

全身にスポットが入ったコリドラス・ステルバイは、胸ビ
レがオレンジ色に染まる美種。性格も温和で混泳向き。

熱帯魚メイン派

PART 8 45cm

シンプルなレイアウトではあるが、小型水槽の中でいかにスペースをとるかを考えている。水草はそれほど使用していないが、シンメトリーな配置がボリューム感を出している。群泳する小型の魚をまとめて入れて楽しみたい。

熱帯魚の代表格エンゼルフィッシュ。上下に伸びたヒレを揺らして遊泳する姿はなんともユーモラス。

熱帯魚で最もポピュラーなカージナルテトラ。赤と青の鮮やかなストライプを楽しむにはまとめて飼いたい。

◆ 水槽データ

水槽サイズ (mm)	450 × 300 × 360
水温 （度）	28
pH	6.8
底床	大磯砂
照明	15W × 2灯
フィルター	ワンタッチフィルター
CO_2	なし
肥料	なし
魚	カージナルテトラ
	エンゼルフィッシュ

◆ 使用アイテム（石・流木・水草など）

アクセサリー	流木
水草	A　リシア
	B　ラージリーフハイグロ

レイアウト（真上から見た図）

緑のじゅうたんと呼ぶのにふさわしいリシア。45cm以下の小型水槽なら、全面に敷き詰めてみたい。自分で育成してふやしてみよう。

その名のとおり大きくたくましい葉が特徴のラージリーフハイグロ。メイン水草として存在感を出している。

ジャングル探検派

中心に組んだ流木を一本の大木に見立て、クリプトコリネ・ウェンドティ・"グリーン"ですそ野を表現。枝、水草の方向をバランスよく多方面に向けることで、水槽の横幅を強調。どっしりと構えた大木に見守られながら泳ぐ魚の姿が魅力的。その様子はまるで原生林の世界だ。

丈夫でエサも選ばないので、初心者向きのロゼウステトラ。真っ赤な尾ビレは飼い込むほど発色がよくなる。

ツルのように見えるオーストラリアン・ドワーフハイドロコタイルは、流木に巻きつけると動きが表現できる。

ヤマトヌマエビは、コケを食べてくれるので、水槽を
セットした初期段階で入れておくと、コケの発生自体
を抑えてくれる。

クリプトコリネ・ウェンドティ・"グリーン"は、植え
た直後は水質に慣れる過程で古い葉が枯れて水にとけ
てしまうが、次第に新しい葉が生えてくる。

◆水槽データ

水槽サイズ (mm)	410 × 250 × 380
水温（度）	26
pH	6.5 〜 6.8
底床	黒光砂
照明	13W（テトラリフトアップライト LL-3045）
フィルター	テトラオートパワーフィルター AX-60（外部式）
CO_2	なし
肥料	なし
魚	ロゼウステトラ（イエローファントムテトラ）
	クーリーローチ
	ヤマトヌマエビ

◆使用アイテム（石・流木・水草など）

アクセサリー	流木	
水草	A	クリプトコリネ・ウェンドティ・"グリーン"
	B	ボルビティス・ヒュディロッティ
	C	オーストラリアン・ドワーフハイドロ コタイル
	D	アヌビアス・ナナ "プチ"
	E	クリナム・アクアチカ・"ナローリーフ"

レイアウト（真上から見た図）

黄色と黒のコントラストがかわいら
しいクーリーローチ。水底でエサを
さがす習性があり、残りエサの掃除
もしてくれる。

幻想の異空間派

白をモチーフにした個性的なレイアウト。魚の持つ透明感と、白色の底床を生かすには、メリハリが最も重要。上から下に濃くなっていく水草のグラデーション、しっかりとした色合いの溶岩石など、組み合わせのセンスが試される。

リアルレッドアイアルビノネオンタキシードグッピーは、ホワイティッシュブルーの姿がよく映える。

ドイツイエロータキシードグッピーは、黄色がかったやさしい色合いと大きく広がった尾ビレが特徴。

◆水槽データ

水槽サイズ (mm)	360 × 210 × 260
水温 （度）	25
pH	6.8 〜 7.0
底床	プロジェクトソイルプレミアム・エクストラホワイト
照明	24 W＋20 W　アーム式ライト
フィルター	外掛けフィルター
CO_2	1 滴／秒
肥料	液体肥料
魚	リアルレッドアイアルビノネオンタキシードグッピー (国産)
	ドイツイエロータキシードグッピー （国産）

◆使用アイテム（石・流木・水草など）

アクセサリー	石	
水草	A	バリスネリア・ナナ
	B	マヤカ
	C	パールグラス
	D	ロタラ・マクランドラ・"ナローリーフ"
	E	ヘアーグラス
	F	コブラグラス

レイアウト（真上から見た図）

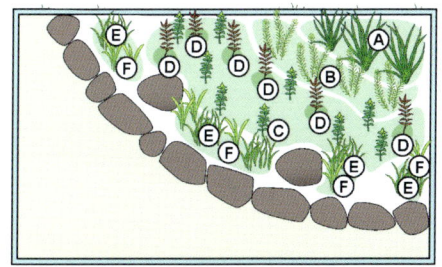

パールグラスの中に入れたロタラ・マクランドラ・
"ナローリーフ"。実際に、この水槽では 10 本も使
っていないが、強いアクセントになっている。

パールグラスは、こまかい葉が特徴。比較的早めにトリミ
ングすると、密度の濃い状態にできる。

31

理想のアクアリウムを作るには

「こんなアクアリウムを作りたい！」とはっきりした計画がある人も、
「おおまかなイメージしかないけど、とにかくやってみたい」という人も必見。
初めてでも失敗しない、憧れの水槽レイアウトを作るポイントを紹介しよう。

メインの魚を決めて
環境をつくる

まず初めに、水槽の中で主役になる魚を1種類決めよう。メインの魚によって、水槽の大きさや必要な設備なども変わってくる。たとえば、大きな魚や群れて泳ぐ魚には、ある程度余裕のある水槽がいいし、きれいな水でないと生きられない魚には強力なフィルターが必要になる。

水槽レイアウトは、組み合わせや相性が重要なので、魚を決めるときにショップの人に相談してみるのが一番の近道。その魚に合った水槽、水草、器具を選んでくれる。そのときに、予算、水槽をおく場所、イメージに合った水槽レイアウトの写真などを示すと、希望に合わせて選んでくれるので失敗がない。

メインの魚が決まったら、次にいっしょに泳がせる魚や水草を決める。このとき重要になるのは、なるべく水槽を自然に近い状態にしてあげること。混泳できない魚は入れない、群れる性格の魚はまとめて飼う、水槽の容量以上に魚を入れたり、相性のよくない種類を入れるなど、魚にとってストレスになってしまうことは避けるように注意しよう。

水草はミクロソリュウムやアヌビアスなど、肥料や強い光を必要としない丈夫な種類が育てやすい。魚によっては水草を食べてしまう種類もいるので、選ぶ際に注意が必要。

レイアウトは徐々に
理想の形に仕上げる

器具やパーツがそろったら、さっそく水槽レイアウトを作ってみよう（くわしい方法は131〜144ページを参照）。じょうずに仕上げるコツは、イメージを絵にしてみること。絵をかくのが苦手な人は、中央に山を作るか、左右を水草で高くして中央に空間のある谷型にするか、水草を右上がりに配置するか、左上がりにするか、という程度でいいので、おおまかな構図を絵にしてみよう。それを見ながら作っていくと、形にしやすい。

また、見ばえをよくするにはメリハリを心がけよう。伸びる水草を奥に、背が低い水草を手前にして高低差や奥行きを出したり、前方や片側に何もおかない空間をつくって変化を持たせると、簡単にメリハリをつけることができる。

思いどおりのレイアウトを初めから作るのはむずかしいが、一度に完成させようとしないで、調整しながら理想の形に近づけていこう。水草は生長するたびに形が変わるし、環境によって育ち方や色も変わってくる。それらを試行錯誤しながら、理想の形にしていくのがアクアリウムのだいご味でもある。

まめな管理が
美しい水槽レイアウトを保つ

美しいアクアリウムをキープするコツは、なんといってもまめに水槽の管理をすること。水換え、掃除、水草のトリミング、栄養補給を適正な範囲で忘れずにすることが重要である。

頻度は、少なくてもいけないが、多いと頻繁に環境が変わることになるので、魚や水草にとってよくない。週1回のペースを守って、ていねいにメンテナンスをすれば、あなたのアクアリウムはいっそう魅力的なものになるだろう。

世界の熱帯魚と水草図鑑 262

アクアリウムの定番から最新人気種まで熱帯魚 226 種と
水草 36 種の詳細データがわかる。
熱帯魚選びには欠かせない、貴重な情報が満載だ。

世界マップで見る
エリア別 人気熱帯魚

ひと言で熱帯魚といっても原産地はさまざまだ。東南アジアとアフリカの熱帯魚では同じ熱帯魚でも全く違った趣がある。熱帯魚を深く知るうえで、原産地は非常に興味深い。その魚に適した水温や水質などはすべて原産地によるからだ。また、アマゾン川を回遊するもの、ナイル川を往来する魚の姿を想像するだけで、夢とロマンは広がる。

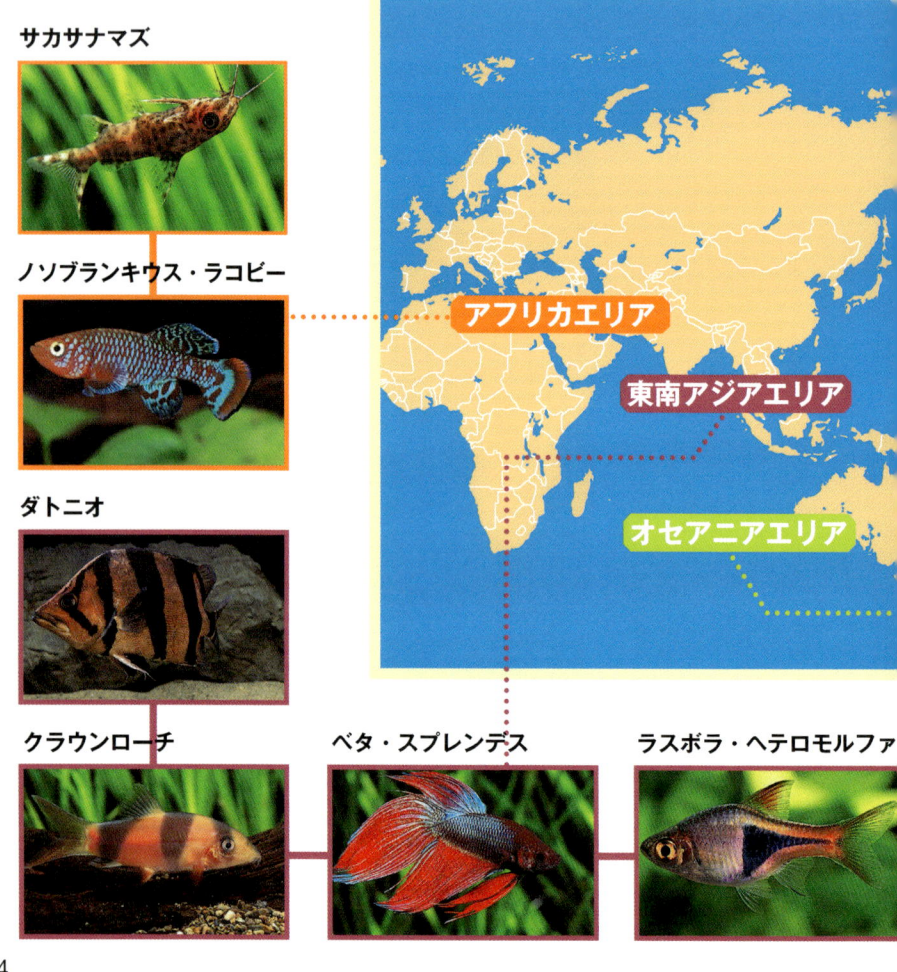

サカサナマズ

ノソブランキウス・ラコピー

ダトニオ

クラウンローチ

ベタ・スプレンデス

ラスボラ・ヘテロモルファ

アフリカエリア

東南アジアエリア

オセアニアエリア

アミア・カルヴァ

テキサスシクリッド

エンゼルフィッシュ

ロイヤルブルーディスカス

ネオンテトラ

レッドテールキャットフィッシュ

ネオンドワーフレインボーフィッシュ

アジアアロワナ

バタフライレインボーフィッシュ

ノーザンバラムンディ

北米・中米エリア

南米エリア

メダカの仲間

繁殖の形態によって、卵胎生と胎生の2種類に分けられるメダカの仲間。
グッピーやプラティなど、入手しやすいうえ比較的丈夫で、
繁殖も簡単な卵胎生のメダカは初心者向き。

丈夫で美しく
初心者でも繁殖が楽しめる

世界の熱帯域に広く分布し、日本でも観賞用として古くから親しまれているメダカの仲間。なかでもグッピーやプラティ、ソードテールなどは人気が高く、ほとんどのショップで見ることができる。価格も比較的安価なため、入手しやすいのも魅力のひとつだ。

人気があるのは、その色彩豊かな美しい姿だけでなく、丈夫であることも一因である。基本的な器具さえそろっていれば、どんな水槽でも飼育することができる種が多いため、初めて飼うのがこの仲間である人も少なくない。

さらに、卵胎生メダカの仲間は繁殖も簡単で、雌雄とりまぜて飼育していれば、稚魚の生まれる瞬間を目のあたりにすることができる。

親と同様の美しさを求めるのであれば、計画的なブリーディングをしなければならないが、初心者であっても、生命が誕生するまでのプロセスを間近に観察することができるのは、大きな魅力だ。

卵生メダカは卵胎生のものにくらべると、独特な環境に生息している種が多いため、水質や水温の変化に弱い。そのため、初心者にとっては、飼育するのが若干むずかしいといえるだろう。できれば水質管理や日常管理など、基本的な世話をしっかりと身につけてからチャレンジするほうが安心して飼育することができるはずだ。

メダカの仲間は、総じて小型で温和な性格の種が多いので、小型魚どうしの混泳であればそれほど気をつかうことなく飼育できるはずだ。

＼ ぜひ繁殖を楽しもう ／

観賞だけでなく、魚の生態を観察するなら、ぜひ卵胎生メダカのお産に立ち会いたい。初めて目にする生命の誕生は感動的だ。

ブルーグラスグッピー

（国産）

グッピー

Poecilia reticulata var.

「グッピーに始まりグッピーに終わる」といわれるほど人気があり、飼えば飼うほど奥の深さを感じさせられるグッピー。その魅力のひとつは、容姿の美しさだ。長く大きな尾ビレやカラフルな体表の模様は、品種改良を積み重ねてできた、いわば芸術品といえるだろう。

そんな美しさだけでなく、水質や水温の変化に対する耐久力が強く、初心者でも比較的簡単に飼育できることが、根強い人気を保っている理由のひとつである。

外国産にくらべ、日本国内で繁殖されているもののほうが品種として固定されていて飼育しやすいため、繁殖を目ざす人にはおすすめだが、やや高価だ。どちらをとるかは好みしだいだが、どちらにしても、みずからの手でその美しさをつくり出す喜びを味わってもらいたい。

分布	改良品種	水温(度)	25
エサ	フレーク・顆粒	全長(㎝)	4
水質	pH 6前後・弱軟水〜弱硬水	対象	初心者〜

リアルレッドアイアルビノネオンタキシードグッピー（国産）

レッドグラスグッピー（国産）

ダイヤモンドグッピー（外国産）

モザイクタキシードグッピー（国産）

キングコブラグッピー（国産）

アルビノレッドテールグッピー（国産）

ブラックタキシードグッピー（外国産）

フラミンゴグッピー（外国産）

メダカの仲間

ネオンタキシードグッピー（外国産）

パープルグッピー（外国産）

モザイクグッピー（外国産）

ゴールデンコブラグッピー（外国産）

ドイツイエロータキシードグッピー（国産）

ライアーテールブラックモーリー

Poecilia latipinna×*Poecilia velifera*

セルフィンモーリーとモーリーの交配種を色彩と体形についてさらに改良した品種。モーリーの仲間はグッピーやプラティとくらべて体が大きいこともあり稚魚を産む回数・数ともに多い。

分布	改良品種	水温(度)	25
エサ	フレーク・顆粒	全長(cm)	8
水質	pH 6前後・弱軟水～弱硬水	対象	初心者～

バルーンモーリー

Poecilia velifera var.

セルフィンモーリーの改良品種。プラティの仲間と同様に丈夫で飼育しやすく繁殖も可能だが、その子供はバルーン体形のものとノーマルなものがまじる。雄の背ビレは雌にくらべて大きく美しい。

分布	改良品種	水温(度)	25
エサ	フレーク・顆粒	全長(cm)	5
水質	pH 6前後・弱軟水～弱硬水	対象	初心者～

ライアーテールバルーンモーリー

Poecilia latipinna×*Poecilia velifera*

バルーンモーリーとライアーテールモーリーを交配した種で、やはりユニークな体形が最大の特徴である。非常に飼育しやすくポピュラーであるが、水質の悪化には注意が必要である。

分布	改良品種	水温(度)	25
エサ	フレーク・顆粒	全長(cm)	5
水質	pH 6前後・弱軟水～弱硬水	対象	初心者～

ネオンソードテール

Xiphophorus helleri var.

中米を原産地とする卵胎生メダカの仲間で、雄の尾ビレは成長に伴い伸長し、その名の由来をみごとにあらわしている。たくさんの改良品種が養殖され、国内においても多く販売されている。

分布	改良品種	水温(度)	25
エサ	フレーク・顆粒	全長(cm)	8
水質	pH 6前後・弱軟水～弱硬水	対象	初心者～

レッドプラティ

Xiphophorus maculatus var.

初心者にもなじみ深い卵胎生メダカの一種。飼育は容易で繁殖も簡単であるが、飼育水を新鮮に保ち、塩分を若干加えるほうがよい。このほかにもたくさんのカラーバリエーションがある。

分布	改良品種	水温(度)	25
エサ	フレーク・顆粒	全長(㎝)	4
水質	pH 6前後・弱軟水～弱硬水	対象	初心者～

ミッキーマウスプラティ"ブルーミラー"

Xiphophorus maculatus var.

プラティの改良品種。尾のつけ根の模様が「ミッキーマウス」のシルエットに似ていることからこう呼ばれる。このほかにもレッド・ホワイト・ゴールデンといったバリエーションがある。

分布	改良品種	水温(度)	25
エサ	フレーク・顆粒	全長(㎝)	4
水質	pH 6前後・弱軟水～弱硬水	対象	初心者～

ハイフィンバリアタス

Xiphophorus variatus var.

バリアタスの改良品種で、東南アジアで多く養殖されている。飼育はほかのプラティの仲間と同様、飼育しやすい。色彩はレッドプラティやミッキーマウスプラティなどにくらべてやや重厚感がある。

分布	改良品種	水温(度)	25
エサ	フレーク・顆粒	全長(㎝)	5～6
水質	pH 6前後・弱軟水～弱硬水	対象	初心者～

ヨツメウオ

Anableps anableps

それぞれの眼球の中で水面から上を見る部分と水中を見る部分が分かれていることからこの名前がある。海水を倍に希釈した程度の飼育水で飼育するほうがよい。グッピーなどと同様に卵胎生。

分布	ブラジル	水温(度)	26
エサ	顆粒・アカムシ	全長(㎝)	20
水質	pH 6～7・弱硬水	対象	中級者～

アフリカンランプアイ

Aplocheilichthys normani

卵生メダカの代表種。アフリカの小川や沼地に生息している。特徴は、目にメタリックブルーのアイシャドウが入ることで、これが水草のレイアウト水槽によく映える。

分布	アフリカ中西部	水温(度)	25
エサ	フレーク	全長(㎝)	3
水質	pH 6前後・弱軟水	対象	初心者～

アフィオセミオン・ガードネリィ

Aphyosemion gardneri

ノソブランキウス属にくらべて細長い体形を持つ繊細な卵生メダカの一種。地域変異種や改良品種も販売されていることが多いが、産地や生産者の水質に合わせた飼育水の調整を行うことが必要。

分布	ナイジェリア	水温(度)	26
エサ	フレーク	全長(㎝)	5
水質	pH 5～6・弱軟水	対象	中級者～

ノソブランキウス・ラコビー

Nothobranchius rachovii

ノソブランキウス属は繁殖させる際に、産みつけられた卵を、産卵床ごと一時的に乾燥させる必要がある。水質管理を十分に行えば本来の美しさを引き出すことは比較的簡単だ。

分布	モザンビーク	水温(度)	26
エサ	フレーク	全長(㎝)	5
水質	pH 5～6・弱軟水	対象	中級者～

クラウンキリー

Pseudoepiplatys annulatus

「アニュレイタス」とも呼ばれる体側の黒いバンド模様とヒレの色彩が美しい卵生メダカ。30㎝水槽でも、十分に飼育から繁殖まで行えるが、水質の急変には弱く注意が必要だ。

分布	リベリア	水温(度)	24
エサ	フレーク・顆粒	全長(㎝)	5
水質	pH 6前後・弱硬水	対象	中級者～

カラシンの仲間

南アメリカやアフリカなどの熱帯地方を中心に、
非常に多くの種類が繁栄しているカラシンの仲間。
丈夫で飼育しやすい種が多く、熱帯魚の入門魚としてもポピュラーである。

バラエティーに富んだ個性豊かな容姿が魅力

ネオンテトラやカージナルテトラなど、アクアリストにとってなじみのあるテトラ類が属するカラシンの仲間。一口にカラシンの仲間といってもその種類は非常に多く、成体で3～4cmのネオンテトラのような小型のものから、ホーリィのように50cmにまで成長する大型のものまで、バラエティーに富んでいる。

また、群泳する姿が美しい小型テトラがいると思えば、肉食魚として有名なピラニア・ナッテリーや、魚食魚のペーシュカショーロなど、形態や習性がユニークなものもおり、その種によって大きく異なる個性的な容姿が、マニアックなファンも多くひきつけている。

カラシンの仲間の中でも最もポピュラーで、熱帯魚としても古くから親しまれている小型テトラは、主に豊かな大自然が残る南米大陸に分布している。そのアマゾン川流域では今もなお新種が発見されるなど、まだまだ未知の部分を多く残しており、楽しみは尽きない。

また、小型テトラは性質の温和な種も多く、ほかの魚との混泳や、レイアウト水槽で群泳させての飼育など、好みに合わせた楽しみ方ができるのも魅力だ。

どう猛とされているピラニア・ナッテリーも、幼魚、成魚ともに色鮮やかで観賞価値が高く、繁殖も興味深い。臆病な性質のうえに、25cmと大きく成長するため、初心者にとっては飼いづらい魚といえるが、人間がつくり上げたイメージと実際の姿のギャップが大きく、小型テトラ類とはまた違った楽しみがある魚だ。

＼ 10匹以上で群泳を楽しみたい ／

小型テトラの魅力は群泳にあるといっても過言ではない。できれば10匹以上で飼育し、その群泳する姿を楽しみたい。

ネオンテトラ

Paracheirodon innesi

熱帯魚の代表種で、現在は中国や東南アジア諸国で繁殖された個体が多く輸入されている。飼育は容易だが、水質の変化に弱く、水槽内での繁殖はむずかしい。

分布	南米北部	水温(度)	25
エサ	フレーク・顆粒	全長(㎝)	3〜4
水質	pH 6前後・弱軟水	対象	初心者〜

ダイヤモンドネオンテトラ

Paracheirodon innesi

ネオンテトラの体表にバクテリアが共生したもので、美しい金色を放っているのが最大の特徴だ。近年では野生の本種があまり輸入されていないことから、見かけることは非常にまれである。

分布	南米北部	水温(度)	25
エサ	フレーク・顆粒	全長(㎝)	3〜4
水質	pH 6前後・弱軟水	対象	中級者〜

グリーンネオンテトラ

Paracheirodon simulans

ほかのテトラとくらべると一回り小さく、群れて生活をする種類である。水槽に入れてすぐは、少量のエサを1日3〜5回に分けて与えると、やせることなく水槽環境に慣れてくれる。

分布	南米	水温(度)	25
エサ	フレーク・顆粒	全長(㎝)	3
水質	pH 6前後・弱軟水	対象	中級者〜

カージナルテトラ

Paracheirodon axelrodi

代表的な熱帯魚だが、養殖がほとんど行われていない。水質に敏感で、繁殖は非常にむずかしい。水草を多くレイアウトした水槽によく似合い、群れで行動することを好む。

分布	ブラジル・コロンビア	水温(度)	25
エサ	フレーク	全長(㎝)	3〜4
水質	pH 5〜6・弱軟水	対象	初心者〜

グリーンファイヤーテトラ

Aphyocharax rathbuni

成長すると体全体が緑がかり、腹部から尾ビレにかけて茜色になることからこの名前がある。やや臆病な性格で水質について神経質であるが、飼育はさほどむずかしくない。

分布	パラグアイ	水温(度)	25
エサ	フレーク・顆粒	全長(㎝)	5
水質	pH 6前後・弱軟水	対象	初心者〜

ホタルテトラ

Axelrodia stigmatias

アカホタルやディープレッドホタルといわれる個体も輸入されているが、コロンビア産の別種。尾のつけ根に赤か黄色のマークが入るがこれは地域差で、黄色の個体のほうがまとまって入荷する。

分布	ブラジル・ペルー	水温(度)	25
エサ	フレーク・イトメ	全長(㎝)	3
水質	pH 5〜6・軟水	対象	初心者〜

シルバーハチェット

Gasteropelecus sternicla

水面近くを遊泳し、驚くと水面から飛び出すため、水槽の蓋はあまりすき間があかないように注意する必要がある。水質にはやや敏感であるが、飼育自体はむずかしくない。

分布	ギアナ	水温(度)	25
エサ	フレーク	全長(㎝)	5〜6
水質	pH 5〜6・弱軟水	対象	初心者〜

ブラックテトラ

Gymnocorymbus ternetzi

非常に丈夫で飼育しやすい魚種。白化・着色・ロングフィンなどの改良品種も多い。ほかの魚のヒレに対して好奇心を持つことがあり、グッピーなどとの混泳には向かない。

分布	北南米	水温(度)	25
エサ	フレーク・顆粒	全長(㎝)	5〜6
水質	pH 6前後・弱軟水〜弱硬水	対象	初心者〜

ハセマニア

Hasemania nana

「シルバーチップテトラ」という名称でも販売されている一般的な魚種。ほかの小型魚種との相性もよく、飼育は容易。成熟するとそれぞれのヒレの先端が白くなり、美しい。

分布	ブラジル	水温(度)	25
エサ	フレーク・顆粒	全長(cm)	4〜5
水質	pH 6前後・弱軟水	対象	初心者〜

ラミノーズテトラ

Hemigrammus bleheri

黒い模様が体の中央まであるレッドノーズテトラと混同される場合が多いが、本種は黒い模様が尾ビレのみにとどまっている。飼育は比較的容易で、透明感のある色彩から水草水槽に似合う。

分布	ブラジル・コロンビア	水温(度)	25
エサ	フレーク・顆粒	全長(cm)	4〜5
水質	pH 5〜6・弱軟水	対象	初心者〜

グローライトテトラ

Hemigrammus erythrozonus

非常に一般的な小型カラシンでペットショップで目にする機会も多い。安価で飼育しやすく、ほかの魚種との混泳にも向いており、群れで行動することを好む。

分布	ギアナ	水温(度)	25
エサ	フレーク	全長(cm)	3〜4
水質	pH 6前後・弱軟水	対象	初心者〜

ヘッドアンドテールライトテトラ

Hemigrammus ocellifer

ゆるやかな流れを好み、群れで生活する。エサはフレーク状の配合飼料をよく食べるが、植物成分の多いものを与えるとよい。雄は雌にくらべてやや細長い体形をしている。

分布	北南米	水温(度)	25
エサ	フレーク・顆粒	全長(cm)	4〜5
水質	pH 5〜6・弱軟水	対象	初心者〜

プルッカー

Hemigrammus pulcher

新しい水を好む丈夫なカラシン。以前はブラジルの個体群も同種とされていたが、近年にそれらは「Hemigrammus heraldi」という別種に分けられた。どちらも飼育は容易。

分布	ペルー	水温(度)	25
エサ	フレーク・顆粒	全長(㎝)	4～5
水質	pH 5～6・弱軟水	対象	初心者～

ペレズテトラ

Hyphessobrycon erthrostigma

やや大きめでボリューム感のある魚種。成熟した雄は各ヒレが伸長する。丈夫で、なんでもよく食べ飼育は非常に容易だが、ほかの小型魚種に対してやや攻撃的になることがある。

分布	コロンビア・ブラジル	水温(度)	26
エサ	フレーク・顆粒	全長(㎝)	6
水質	pH 6前後・弱軟水	対象	初心者～

ブラックネオンテトラ

Hyphessobrycon herbertaxelrodi

水槽の中層から上層を遊泳していることが多いため、エサは浮上性のものを与えるほうがよい。性質はおとなしく、協調性を持ち合わせているので混泳に向いている。

分布	ブラジル	水温(度)	25
エサ	フレーク	全長(㎝)	3～4
水質	pH 6前後・弱軟水	対象	初心者～

レモンテトラ

Hyphessobrycon pulchripinnis

幼魚から若魚にかけてはあまり特色の感じられない魚種であるが、成長とともに鮮やかなレモン色の体色に変わっていく。飼育は容易でほかの魚種との相性もよい。

分布	ブラジル	水温(度)	25
エサ	フレーク・顆粒	全長(㎝)	4～5
水質	pH 6前後・弱軟水	対象	初心者～

ロゼウステトラ

Hyphessobrycon roseus

デリケートな性格で、静かな環境では問題ないが、おどかしたりすると水草の陰に隠れてしまう。水質に気をつかい大事に飼い込むと、胴体部分が黄色く、尾ビレのつけ根付近が真っ赤に色づく。

分布	ギアナ	水温(度)	25
エサ	フレーク・顆粒	全長(㎝)	3
水質	pH 6前後・弱軟水	対象	中級者～

ブラックファントムテトラ

Megalamphodus megalopterus

体の大きさのわりにヒレが大きく、美しい形をしているのが特徴。成熟に伴い各ヒレがマットブラックに染まっていく。比較的よく販売されている魚種で、飼育も容易である。

分布	ブラジル	水温(度)	25
エサ	フレーク・顆粒	全長(㎝)	4～5
水質	pH 5～6・弱軟水	対象	初心者～

レッドファントムテトラ

Megalamphodus sweglesi

本種は天然個体と養殖個体の体色に大きな差があり、それぞれに分けて販売されている。天然の個体は全身が鮮やかな赤に染まり非常に美しいが、水質にはやや敏感。基本的に飼育は容易。

分布	コロンビア	水温(度)	25
エサ	フレーク・顆粒	全長(㎝)	4～5
水質	pH 6前後・弱軟水	対象	初心者～

ダイヤモンドテトラ

Moenkhausia pittieri

モンクホーシア属のカラシンは、水草を食べる性質が強く、本種もやはりやわらかい水草を食べることがある。成長に伴い全身がメタリックに輝き、各ヒレも伸長する美しいカラシン。

分布	ベネズエラ	水温(度)	25
エサ	フレーク・顆粒	全長(㎝)	5～6
水質	pH 6前後・弱軟水	対象	初心者～

モンクホーシャ

Moenkhausia sanctaefilomenae

一般的に販売されている小型カラシンの中では比較的大きめでやや気が荒い。配合飼料を食べるが植物食性が強いため、アヌビアス属のような葉の厚い水草をレイアウトするほうがよい。

分布	ブラジル・パラグアイ	水温(度)	25
エサ	フレーク・顆粒	全長(cm)	7
水質	pH 6前後・弱軟水	対象	初心者〜

ペンシルフィッシュ

Nannobrycon eques

「クロペン」や「ブラックペンシル」という名称でも販売されている。飼育方法はスリーラインペンシルフィッシュと同じだが、本種のほうがやや水質に対して敏感である。

分布	ギアナ・ブラジル	水温(度)	25
エサ	フレーク・イトメ	全長(cm)	5〜6
水質	pH 6前後・弱軟水	対象	初心者〜

スリーラインペンシルフィッシュ

Nannostomus trifasciatus

非常に臆病で、驚いたりすると水槽から飛び出すことがあるため、水草を多く植えた水槽で飼育するほうがよい。飼育環境に慣れてくるとペンシルフィッシュ類独特の斜め上を向いた姿勢で泳ぐ。

分布	ペルー	水温(度)	25
エサ	フレーク	全長(cm)	4
水質	pH 6前後・弱軟水	対象	初心者〜

レインボーテトラ

Nematobrycon lacortei

雄のエンペラーテトラの尾ビレが上端・下端・中央と3本伸びるのに対し、本種は中央のみが伸長する。成熟した個体は非常に美しいが、水質に著しく左右される。

分布	コロンビア	水温(度)	25
エサ	フレーク・顆粒	全長(cm)	5〜6
水質	pH 5〜6・弱軟水	対象	初心者〜

エンペラーテトラ

Nematobrycon palmeri

レインボーテトラと同じグループの魚種で、飼育もほぼ同様の環境でよい。ある程度協調性があり飼育は容易であるが、本来の美しさを引き出すためには水質のコントロールが不可欠である。

分布	コロンビア	水温（度）	25
エサ	フレーク・顆粒	全長（cm）	4〜5
水質	pH 5〜6・弱軟水	対象	初心者〜

グラスブラットフィン

Prionobrama filigera

可憐な見た目に似合わず、比較的気性が荒い。自分より体の小さい魚をつついたりすることがあるので混泳させるときは注意が必要。水質には敏感で新鮮な飼育水を好む。

分布	アマゾン川	水温（度）	25
エサ	フレーク	全長（cm）	5〜6
水質	pH 7・弱硬水	対象	初心者〜

プリステラ

Pristella maxillaris

自然下では、流れのゆるやかな、水草が多く自生している沼地に生息しているため、水草のレイアウト水槽で飼育するほうがよい。丈夫で飼育しやすくほかの小型魚種との相性もよい。

分布	ギアナ・ブラジル	水温（度）	25
エサ	フレーク・顆粒	全長（cm）	5
水質	pH 6前後・弱硬水	対象	初心者〜

ペンギンテトラ

Thayeria boehlkei

ふだんは斜め上を向いて泳いでいることが多く、水換えなどのストレスを与えた場合に、水槽から飛び出してしまうことがある。飼育は比較的簡単で水草水槽によく映える。

分布	ブラジル・ペルー	水温（度）	25
エサ	フレーク	全長（cm）	5〜6
水質	pH 5〜6・弱軟水	対象	初心者〜

レッドアイカラシン

Arnoldichthys spilopterus

全身がメタリックな色彩を放つ、特異なアフリカ
原産のカラシン。丈夫で飼育しやすいが、小型の
魚種と飼育した場合は襲うこともあるので混泳さ
せる場合には注意が必要。

分布	ナイジェリア	水温(度)	25
エサ	顆粒・アカムシ	全長(cm)	10 〜 12
水質	pH 6前後・弱軟水	対象	初心者〜

イエローピンクテールカラシン

Chalceus erythrurus

腹ビレがピンク色のピンクテールカラシンに似て
いるが、本種のほうがやや小型で腹ビレが黄色い。
丈夫で飼育は容易だが、非常に活発で気性が荒い
ため、本種より大きな魚と飼育するとよい。

分布	ブラジル	水温(度)	25
エサ	顆粒・アカムシ	全長(cm)	18 〜 20
水質	pH 6前後・弱軟水	対象	初心者〜

コンゴテトラ

Phenacogrammus interruptus

最もポピュラーなアフリカ原産のカラシンで、飼
育は非常に簡単。成長すると大きくなるので、同
じ大きさの魚種と混泳させるほうがよい。成熟し
たオスの各ヒレはたれ下がるほどに伸長する。

分布	コンゴ	水温(度)	25
エサ	フレーク・顆粒	全長(cm)	7 〜 10
水質	pH 6〜8・弱軟水	対象	初心者〜

アブラミテス

Abramites hypselonotus

飼育はそれほどむずかしくないが、植物食性が強
いため水草水槽には不向き。気性が荒く、成長と
ともにアグレッシブになるため、単独飼育するほ
うがよい。

分布	パラグアイ	水温(度)	25
エサ	植物性フレーク	全長(cm)	15
水質	pH 6〜7・弱軟水	対象	中級者〜

ブラントノーズガー

Ctenolucius hujeta

比較的水温の低い環境を好む魚食性のカラシン。飼育は容易であるが、やや大きめの水槽を用意し、新鮮な飼育水で飼育するほうがよい。またエサの与えすぎに注意が必要。

分布	コロンビア・ベネズエラ	水温(度)	23
エサ	冷凍アカムシ・メダカ・金魚	全長(cm)	25
水質	pH6 前後・弱軟水〜弱硬水	対象	初心者〜

インパイクティス・ケリー

Inpaichthys kerri

エンペラーテトラ（P50）によく似ており、混同して販売されている場合もある。成熟した雄は雌にくらべて背中の紫色が鮮やかで、まれに自分より小さい魚を追いかけることがある。

分布	ブラジル	水温(度)	25
エサ	フレーク	全長(cm)	4〜5
水質	pH6 前後・弱軟水	対象	初心者〜

メチニス

Metynnis hypsauchen

丸い銀板のような体形が特徴的な、植物食性のおとなしい魚である。協調性もよく丈夫で飼育しやすいが、その食性のために水草をレイアウトした水槽での飼育には不向き。

分布	ブラジル	水温(度)	25
エサ	植物性フレーク・顆粒	全長(cm)	20
水質	pH6 前後・弱軟水	対象	初心者〜

ピラニア・ナッテリー

Pygocentrus nattereri

最も一般的なピラニアの代表種。飼育はテクニックを必要としないが、共食いすることがあるため単独飼育することが望ましい。歯が鋭いためメンテナンスを行うときは十分な注意が必要。

分布	ブラジル	水温(度)	26
エサ	メダカ・金魚	全長(cm)	30
水質	pH6 前後・弱軟水	対象	初心者〜

ピラニア・ノタートゥス

Pygocentrus cariba

オリノコ川流域に生息するピラニアの仲間。比較的飼育しやすい丈夫な種で適応できる水質も幅広く、特別なテクニックは必要としない。しかし、強力なあごと歯を持っているため十分な注意が必要。

分布	ブラジル	水温(度)	25
エサ	金魚・メダカ	全長(㎝)	28
水質	pH6前後・弱軟水	対象	初心者～

ショートノーズクラウンテトラ

Distichodus sexfasciatus

同属に30㎝程度で成長が止まるロングノーズテトラがいるが、それとは別の種。ともに飼育しやすいが気性が荒く水草を食べるため、流木でレイアウトした水槽に単独で飼育するほうがよい。

分布	コンゴ	水温(度)	25
エサ	顆粒・アカムシ	全長(㎝)	50
水質	pH6前後・弱軟水	対象	初心者～

ホーリィ

Hoplias malabaricus

アメリカでは「ウルフフィッシュ」と呼ばれ、その名のとおり鋭い牙と強靭なあごを持つため、取り扱いには十分な注意が必要。夜行性で、日中は水草の陰に隠れている。飼育は容易。

分布	南米	水温(度)	27
エサ	メダカ・金魚	全長(㎝)	50
水質	pH6前後・弱軟水～弱硬水	対象	中級者～

ペーシュカショーロ

Hydrolycus scomberoides

英名で「バンパイアーカラシン」といわれるとおり、鋭い牙を持つ魚食性のカラシン。一説では1mを超えるといわれているが定かではない。150ℓ以上の水槽で飼育するほうがよい。

分布	ブラジル	水温(度)	25
エサ	金魚・メダカ	全長(㎝)	30
水質	pH6前後・弱軟水	対象	中級者～

シクリッドの仲間

エンゼルフィッシュやディスカスなど、
熱帯魚の定番ともいえる個性的な容姿が魅力的なシクリッドの仲間。
これらの魚に憧れて熱帯魚を飼い始める人も少なくない。

見た目の不思議さと
子育ての姿が魅力的

シクリッドの仲間は、主に中南米やアフリカを中心に分布する。この仲間には、熱帯魚の王様ともいわれるディスカスやエンゼルフィッシュなど、古くからアクアリストに親しまれている魚が多い。

特に目をひくのが、その個性的な容姿だ。丸みを帯びたディスカスや、ボリューム感のあるオスカーなど。

また熱帯魚の定番といわれるエンゼルフィッシュや発色のきれいなイエローピーコックシクリッド、パピリオクロミス・ラミレジィなど、印象的な姿形をしているものが多く、初心者にとっては憧れの熱帯魚といえるかもしれない。

この種類には興味深い子育てをするものも多くいるので、飼育に慣れてきたら、ぜひ繁殖にもチャレンジしたい。種類にもよるが、それほどむずかしくないものが多い。卵を産みっぱなしにするのではなく、親魚が卵や稚魚を外敵から守って育てる姿は魚といえども親子愛や愛情を実感できる貴重なシーンだ。

ディスカスの場合、親魚の体表から分泌されるミルク状の「ディスカスミルク」を飲むため、稚魚が親のまわりに群がる光景がほほえましい。また、マウスブリーディングといって卵や稚魚を口の中に入れて育てるゴールデンゼブラシクリッドなどもいて、独特な生態を間近に見ることができる。

オスカーは人によくなれるため、長く飼育していると飼い主とほかの人を区別することもできるようになる。体長も30cmほどになるため、存在感もあり、ほかの熱帯魚とはちょっと違ったペット的な感覚で飼うことも可能だ。

子育ての様子を
観察しよう

個性的な容姿のシクリッドは、子育ての仕方もさまざま。愛情を注いで子育てする様子を間近で見るのも、楽しみのひとつだ。

エンゼルフィッシュ

Pterophyllum scalare

知名度の高い熱帯魚の種類で、古くから現在まで人気が衰えない。主に東南アジアで養殖された個体が多く流通している。ペルーなどから輸入される野生個体は水質に若干過敏である。

分布	ペルー・エクアドル	水温(度)	25
エサ	フレーク・顆粒	全長(cm)	13
水質	pH6 前後・弱軟水	対象	初心者〜

マーブルエンゼル

Pterophyllum scalare var.

エンゼルフィッシュの改良品種。飼育はエンゼルフィッシュと同じで、水質の変化には敏感であるが飼育は容易で水槽内での繁殖も可能。卵はエキノドルス属などの大きな葉の水草に産みつける。

分布	改良品種	水温(度)	25
エサ	フレーク・顆粒	全長(cm)	13
水質	pH6 前後・弱軟水	対象	初心者〜

ゴールデンエンゼル

Pterophyllum scalare var.

エンゼルフィッシュの改良品種。ヒレが伸長するものは「ベールテール」、ウロコの配列が不規則なものは「ダイヤモンド」、体内が透けて見えるものは「ブラッシング」と呼ばれる。

分布	改良品種	水温(度)	25
エサ	フレーク・顆粒	全長(cm)	13
水質	pH6 前後・弱軟水	対象	初心者〜

アルタムエンゼル

Pterophyllum altum

一部養殖されたもの以外は、すべて天然だ。水質に非常に過敏で飼育初期に微妙な調整が必要。深さが 45cm 以上ある水槽で飼育するほうがよい。水槽内での繁殖は非常にむずかしい。

分布	コロンビア・ベネズエラ	水温(度)	24
エサ	フレーク・顆粒	全長(cm)	15
水質	pH5 〜 6・軟水	対象	上級者

ロイヤルブルーディスカス
Symphisodon aequifasciatus

本種を含む原種のディスカスは水質に敏感で、水質を調整できないと本来の美しさを楽しむことはむずかしい。購入時に採集地や現地の水質、管理されている水質について確認したほうがよい。

分布	ブラジル	水温(度)	25
エサ	顆粒・イトメ	全長(cm)	18
水質	pH5〜6・弱軟水	対象	中級者〜

ロイヤルグリーンディスカス
Symphisodon aequifasciatus

多くの改良品種があるディスカスの原型となった地域変異種のひとつ。南米から輸入されているが、個体による色彩の差が大きく、その美しさによって価格も異なる。

分布	ペルー・ブラジル	水温(度)	25
エサ	顆粒・イトメ	全長(cm)	18
水質	pH5〜6・弱軟水	対象	中級者〜

ブルーダイヤモンドディスカス
Symphisodon aequifasciatus var.

ディスカスの改良品種。通称「ベタ青」と呼ばれる全体が青一色に染まる改良型が長年追い求められてきたが、本種はその究極と呼べるもののひとつ。比較的水質には慣れやすく飼育しやすい。

分布	改良品種	水温(度)	27
エサ	顆粒・イトメ	全長(cm)	18
水質	pH6前後・弱軟水	対象	中級者〜

ピジョンブラッドディスカス
Symphisodon aequifasciatus var.

ディスカスの改良品種。オレンジ色の強い品種で青を基調としたほかのディスカスとは一線を画す。水槽内での繁殖が可能で、その際には専用の素焼きの産卵塔が必要だ。

分布	改良品種	水温(度)	27
エサ	顆粒・イトメ	全長(cm)	18
水質	pH6前後・弱軟水	対象	中級者〜

アピストグラマ・アガシジィ

Apistogramma agassizii var.

ヨーロッパで改良が加えられた個体が多く販売されており、非常に美しい小型シクリッドである。基本的に軟水を好むが、養殖された個体についてはそれほどこだわる必要はない。

分布	ブラジル	水温(度)	25
エサ	フレーク・顆粒	全長(㎝)	5～6
水質	pH5～6・軟水	対象	中級者～

アピストグラマ・カカトオイデス

Apistogramma cacatuoides

背ビレの前の部分の軟条が伸長することが本種の特徴で、美しく育て上げられた個体は非常に魅力的。ヨーロッパなどでも多くの改良品種が繁殖されており、野生個体よりも繁殖個体のほうが飼育しやすい。

分布	ペルー・ブラジル	水温(度)	25
エサ	フレーク・顆粒	全長(㎝)	5.5
水質	pH6～7・弱軟水	対象	初心者～

アピストグラマ・トリファスキアータ

Apistogramma trifasciata

成熟した雄の個体は、体側がブルーメタリックに輝く。基本的に野生個体がブラジルより多く輸入されているが、季節によって入荷量は異なる。やや水質に敏感で、軟水を維持する必要がある。

分布	南米	水温(度)	25
エサ	フレーク・顆粒	全長(㎝)	4～5
水質	pH6・軟水	対象	初心者～

パピリオクロミス・ラミレジィ

Papiliochromis ramirezi

一般的に見かけるのは東南アジアで養殖されているものだが、ヨーロッパで養殖されたものは色彩や体形がより美しく改良されている。飼育も簡単で混泳にも向いており、繁殖させることも可能。

分布	ベネズエラ	水温(度)	25
エサ	フレーク・顆粒	全長(㎝)	4～5
水質	pH5～6・弱軟水	対象	初心者～

フェスティバム
Mesonauta festivus

近縁がエンゼルフィッシュで、古くから親しまれているシクリッド。丈夫で初心者にも向いているが、小型のカラシンやメダカなどを食べてしまうことがあるので注意が必要。

分布	南米	水温(度)	26
エサ	フレーク・顆粒	全長(cm)	9
水質	pH6 〜 8・軟水	対象	初心者〜

テキサスシクリッド
Herichtys cyanoguttatus

中米に生息するシクリッドの代表種。飼育は容易で食欲旺盛で、魚食性を持ち合わせていることとなわ張り意識が強いために同種、他種を問わず混泳させることはむずかしい。

分布	アメリカ南部・メキシコ	水温(度)	26
エサ	顆粒・メダカ	全長(cm)	20
水質	pH6 〜 8・弱硬水	対象	中級者〜

ジャックデンプシー
Cichlasoma octfasciatus

1920 年代のボクシングヘビー級チャンピオンの名前がつけられている。その名のとおり、なわ張り意識が非常に強く混泳には向いていないが、成熟した個体は美しく、強健で飼育は容易。

分布	メキシコ・ホンジュラス	水温(度)	26
エサ	顆粒・メダカ	全長(cm)	25
水質	pH6 〜 8・弱硬水	対象	初心者〜

オスカー
Astronotus ocellatus

東南アジアでも盛んに養殖されており、色彩パターンの違うものやアルビノなどがある。魚食性が強く活発であるため、混泳させる場合には、本種より大きい個体と飼育するほうがよい。

分布	南米北部	水温(度)	26
エサ	顆粒・メダカ	全長(cm)	50
水質	pH6 前後・弱軟水	対象	初心者〜

アイスポットシクリッド

Cichla ocellaris

魚食性で協調性に欠けるため、混泳させる場合は大型のアロワナやナマズなどを選ぶ。飼育は簡単で非常に丈夫だが、幼魚期はやせやすいため十分にエサを与える。

分布	南米北部	水温(度)	26
エサ	メダカ・金魚	全長(cm)	80
水質	pH6 前後・弱軟水	対象	初心者〜

セベラム

Heros(Cichlasoma) severus

中型のシクリッドの中では比較的温和で、飼育は容易。小型の魚種との混泳は避けたい。東南アジアで養殖されたものが多く出回っており、これらは水質にもうるさくない。

分布	南米北部	水温(度)	25
エサ	フレーク・顆粒	全長(cm)	20
水質	pH6 前後・弱軟水	対象	初心者〜

ゴールデンセベラム

Heros(Cichlasoma) severus var.

セベラムの白化個体もしくはアルビノ個体で、飼育はセベラムと同じ。原種のセベラムよりも人気があり、ショップでもゴールデンセベラムのほうがよく並んでいる。

分布	改良品種	水温(度)	25
エサ	フレーク・顆粒	全長(cm)	20
水質	pH6 前後・弱軟水	対象	初心者〜

フラワーホーン

交雑改良品種

「Cichlasoma trimaculatum」と「Amphylophus citrinellum」を人工的に交配させた改良品種。飼育は容易だが単独で飼育したほうがよい。特徴はなんといっても頭のコブ。

分布	改良品種	水温(度)	26
エサ	フレーク・顆粒	全長(cm)	30
水質	pH6 前後・弱軟水〜弱硬水	対象	初心者〜

パロットファイヤーシクリッド

交雑改良品種

「Theraps synspilm」 と「Amphylophus citri-nellum」を交配させたうえに、品種改良を重ねた金魚のようなルックスの種。初心者にも飼育しやすい。

分布	改良品種	水温(度)	26
エサ	フレーク・顆粒	全長(cm)	20
水質	pH6 前後・弱軟水～弱硬水	対象	初心者～

スキアエノクロミス・フライエリィ(アーリー)

Sciaenochromis fryeri

アフリカ原産シクリッドの代表種で、メタリックブルーの色彩が美しい。養殖された「ハプロクロミス・アーリー」は安価で販売されているが、天然個体ほど美しくは成長しない。

分布	マラウィ湖	水温(度)	25
エサ	フレーク・顆粒	全長(cm)	18
水質	pH7 ～ 8・弱硬水	対象	初心者～

イエローピーコックシクリッド

Aulonocara baenschi

東南アジアで養殖された個体が多く販売されている。アフリカンシクリッドのようにアルカリ性の水質で飼育を行う場合は、アンモニアの毒性が増すため、強いろ過能力が必要だ。

分布	マラウィ湖	水温(度)	25
エサ	フレーク・顆粒	全長(cm)	18
水質	pH7 ～ 8・弱硬水	対象	初心者～

キルトカラ・モーリー

Cyrtocara moorii

成長するとひたいが丸く突き出るユニークなアフリカンシクリッド。丈夫で飼育しやすく繁殖も容易だが、繁殖を行うときには大きめの水槽と平坦で薄い石が必要。雄が口内で卵を守る。

分布	マラウィ湖	水温(度)	25
エサ	フレーク・顆粒	全長(cm)	20
水質	pH7 ～ 8・弱硬水	対象	初心者～

ディミデオクロミス・コムプレシケプス
Dimidiochromis compressiceps

マラウィ湖産シクリッドの中でも魚食性が強い種。飼育は容易だが混泳には注意が必要。全般的にシクリッドの仲間はテリトリー意識が強く、特にペアを形成した場合に顕著にあらわれる。

分布	マラウィ湖	水温(度)	25
エサ	フレーク・顆粒	全長(㎝)	25
水質	pH7～8・弱硬水	対象	初心者～

ゴールデンゼブラシクリッド
Pseudotropheus lombardoi

アフリカンシクリッドの中では最も簡単に入手でき、価格も非常に安価。幼魚は青を基調とした色彩であるが、成熟した雄はその名のとおり黄色く美しくなる。非常に丈夫で飼育しやすい。

分布	マラウィ湖	水温(度)	25
エサ	フレーク・顆粒	全長(㎝)	10
水質	pH7～8・弱硬水	対象	初心者～

フロントーサ
Cyphotilapia frontosa

タンガニイカ湖原産のシクリッドの中でも大型になる種類。3～10㎝程度の幼魚が多く販売されているが、最終的には90㎝幅以上の水槽が必要となる。飼育は容易だが気性が荒い。

分布	タンザニア	水温(度)	25
エサ	フレーク・顆粒	全長(㎝)	30
水質	pH7～8・弱硬水	対象	初心者～

ジュリドクロミス・マルリエリ
Julidochromis marlieri

細長い特徴的な体形をした小型のシクリッドで、水槽の低層を遊泳する。飼育は容易で、60㎝幅程度の水槽でも十分に繁殖させることができる。産卵・育児は岩陰で行う。

分布	タンザニア	水温(度)	25
エサ	フレーク・顆粒	全長(㎝)	10
水質	pH7～8・弱硬水	対象	中級者～

ネオランプロローグス・ブリシャルディ

Neolamprologus brichardi

タンガニイカ湖に生息する小型アフリカンシクリッドの一種で、アルカリ性の水質を好む。各国で多く養殖されており、安価で販売されているが、地域変異種は比較的高価になる。

分布	タンザニア	水温(度)	25
エサ	フレーク・顆粒	全長(㎝)	8
水質	pH7 〜 8・弱硬水	対象	中級者〜

ペルビカクロミス・プルケール

Pelvicachromis pulcher

アフリカの河川に生息する小型のシクリッド。アヌビアス属などの水草をレイアウトすると、アフリカの水系を再現することができる。小さな水槽でも十分に飼育可能で、繁殖もむずかしくない。

分布	ナイジェリア	水温(度)	25
エサ	フレーク・顆粒	全長(㎝)	10
水質	pH5 〜 6・弱軟水	対象	中級者〜

アノマロクロミス・トーマシー

Anomalochromis thomasi

南米に生息するアピストグラマ属のような雰囲気を持つアフリカの流れのゆるやかな河川や湖沼に生息する小型のシクリッド。東南アジアで養殖されたものが輸入されており、丈夫で飼育しやすい。

分布	シエラレオネ	水温(度)	25
エサ	フレーク・顆粒	全長(㎝)	6 〜 8
水質	pH5 〜 6・弱軟水	対象	初心者〜

ゴールデンオレンジクロマイド

Etroplus maculatus

アフリカや北中米・南米以外に生息するシクリッドの一種。シクリッドの仲間は本種を含めてカワスズメと呼ばれるグループに属しており、海水域に生息するスズメダイと生態がよく似ている。

分布	インド・スリランカ	水温(度)	25
エサ	フレーク・顆粒	全長(㎝)	12
水質	pH6 前後・弱軟水〜弱硬水	対象	初心者〜

アナバスの仲間

アナバスの仲間は、熱帯魚の中でも珍しい生態を持つ種が多い。
個体の持つ美しさだけでなく、
ユニークな繁殖行動の観察なども楽しみながら飼育したい。

ほかの魚では見ることができない
ユニークな生態が魅力

東南アジアやアフリカの熱帯域を中心に分布するこの種の最大の特徴は、独特な補助呼吸器官を持っていることだ。迷宮器官（ラビリンス器官）と呼ばれる補助呼吸器官を備えていることにより、空気を吸って酸素を体内にとり入れることができる。そのため、水中の酸素量が少ない場所でも酸欠になることがないのだ。

大きく2つに分けることができる繁殖行動もユニークで興味深い。

ひとつはグラミーやベタの仲間がとる繁殖行動で、バブルネストビルディングと呼ばれる。雄が口から泡を吐き出して泡巣を作り、その中に雌が産卵をして孵化させる方法だ。

もうひとつはマウスブリーディングと呼ばれ、雌が産んだ受精卵を雄が口の中に入れ、孵化するまで守る方法。どちらも繁殖行動に入ってから稚魚が孵化して泳げるようになるまで、一生懸命雄が子育てをする様子を見ることができる。せっかくこの種を飼育するのであれば、ぜひペアで購入し

て、このユニークな繁殖行動を観察したい。

ベタは別名「闘魚」とも呼ばれるくらい闘争心が強く、雄どうしをいっしょに飼うとはげしく闘う性質がある。東南アジアでは、これを闘わせるギャンブルがあるくらいなので、雄を飼育するときは必ず単独で飼わなければならない。

ただ、ベタ以外は温和な種が多いため、混泳も可能だ。

アナバスの中でもポピュラーなグラミーの仲間は美しい個体が多く、飼育や繁殖も簡単で適応能力も高いので、初心者にはおすすめの魚といえるだろう。

\ **ペアで飼育して
繁殖を楽しもう** /

珍しい繁殖行動をとるアナバスの仲間の生態を楽しむためにも、ぜひペアで飼育しよう。

ベタ・スプレンデス

Betta splendens var.

大きめのコップなどでも手軽に飼育できる一般種。改良が進められたことにより多様な色や形があり、その美しさにより価格もさまざまである。相性のよいペアを入手できれば初心者にも繁殖が可能。

分布	改良品種	水温(度)	26
エサ	顆粒・アカムシ	全長(cm)	7
水質	pH6 前後・弱軟水	対象	初心者～

ショークオリティーベタ

Betta splendens var.

「ショーベタ」という略称で呼ばれている種類。コンテストで美しさを競うために改良されたベタである。全身のヒレを広げたときのみごとな色と形は、まるで花を咲かせたかのようである。

分布	改良品種	水温(度)	25
エサ	顆粒・アカムシ	全長(cm)	7
水質	pH6 前後・弱軟水	対象	中級者～

ドワーフグラミー

Colisa lalia

ペアで販売されていることが多い。雌雄の体色の差が大きく簡単に見分けられる。スレ傷に弱いが飼育は容易でエサもよく食べる。本種を含め、アナバスの仲間はゆるやかな流れを好む。

分布	インド・東南アジア	水温(度)	25
エサ	フレーク・イトメ・アカムシ	全長(cm)	8
水質	pH6 前後・弱軟水	対象	初心者～

ネオンドワーフグラミー

Colisa lalia var.

ドワーフグラミーの改良品種で、飼育は同じである。水槽内での繁殖が可能で、水面の波立ちや流れを抑える工夫をし、浮き草などを浮かべてやれば、雄が泡巣を作り、産卵後それを孵化まで守る。

分布	改良品種	水温(度)	25
エサ	フレーク・イトメ・アカムシ	全長(cm)	8
水質	pH6 前後・弱軟水	対象	初心者～

サンセットドワーフグラミー

Colisa lalia var.

ネオンドワーフグラミーとともにドワーフグラミーの改良品種で飼育方法も同じである。このほかにも体全体がメタリックブルーに染まる「パープル」や「パウダーブルー」と呼ばれる改良品種もある。

分布	改良品種	水温(度)	25
エサ	フレーク・イトメ・アカムシ	全長(㎝)	8
水質	pH6 前後・弱軟水	対象	初心者〜

キッシンググラミー

Helostoma temminckii var.

その名のとおり同種だけでなく、水草や石などにもキスをする習性を持つことでよく知られている。基本的にこの習性は威嚇を行っているもので、気性はやや荒いが飼育は容易。

分布	タイ・インドネシア	水温(度)	25
エサ	顆粒・アカムシ	全長(㎝)	30
水質	pH6 前後・弱軟水	対象	初心者〜

レッドフィンオスフロネームスグラミー

Osphronemus laticlavius

超大型のアナバスで、大きな河川のよどみにすんでいる。丈夫で飼育しやすく、配合飼料や昆虫、水草、小型魚などなんでも食べるが、成長も早いため初めから大型水槽を用意したい。

分布	タイ・インドネシア	水温(度)	25
エサ	顆粒	全長(㎝)	70
水質	pH6 前後・弱軟水	対象	初心者〜

チョコレートグラミー

Spaerichthys osphromenoides

ショップでも比較的よく売られているが、水質には非常に敏感で特に軟水を好むため、必要に応じて水質調整剤を使用するほうがよい。イトメなども頻繁に与えたほうがよい。

分布	インドネシア・マレーシア	水温(度)	26
エサ	フレーク・イトメ	全長(㎝)	6
水質	pH5 〜 6・軟水	対象	初心者〜

パールグラミー

Trichogaster leeri

適切な環境で飼育すれば、体側に無数のパールスポットを呈し、非常に美しく成長する。成熟した雄のヒレはくし状に伸長するので区別も簡単。ポピュラーで飼育しやすい丈夫な種である。

分布	マレーシア・インドネシア・タイ	水温(度)	25
エサ	フレーク・イトメ・アカムシ	全長(㎝)	12
水質	pH6 前後・弱軟水	対象	初心者～

マーブルグラミー

Trichogaster trichopterus var.

本種を含むゴールデングラミーの仲間はスリースポットグラミーの改良品種である。非常に丈夫で飼育しやすい初心者向きの魚種。現地では塩漬けや干物にされる重要食用魚でもある。

分布	改良品種	水温(度)	25
エサ	フレーク・イトメ・アカムシ	全長(㎝)	15
水質	pH6 前後・弱軟水	対象	初心者～

ゴールデンハニードワーフグラミー

Colisa sota var.

グラミーの仲間は、水槽内をふわふわと泳ぎ回って飼う人をなごませてくれる。本種は中でも小型でおとなしく丈夫な魚だが、購入時はやせていることが多いので、こまめにエサを与えるとよい。

分布	改良品種	水温(度)	25
エサ	フレーク・イトメ・アカムシ	全長(㎝)	4
水質	pH6 前後・弱軟水	対象	初心者～

スリーストライプドクローキンググラミー

Trichopsis schalleri

小型のアナバスで、成長すると小さな青い斑紋があらわれて非常に美しい。自然下では沼地や湿地に多く生息している。水質の変化にやや弱く、購入時には注意が必要である。

分布	タイ	水温(度)	25
エサ	フレーク・イトメ	全長(㎝)	5
水質	pH6 前後・弱軟水	対象	初心者～

アナバスの仲間

キノボリウオ

Anabas testudineus

非常に丈夫で飼育しやすい。名前に反して木には登れないが、空気から直接酸素を補給することができるため、乾季には水を求めて数日から数週間陸上を動き回ることができる珍しい習性を持つ。

分布	インド〜中国	水温(度)	25
エサ	粒状・アカムシ	全長(㎝)	25
水質	pH6 前後・弱軟水	対象	初心者〜

クロコダイルフィッシュ

Luciocephalus pulcher

アナバスの中でも特異な種で、ガーの仲間をイメージさせ、食性も魚食性で、小型魚を待ち伏せしてすばやく補食する。入荷量は少なく、水質の変化に弱いことからある程度の飼育テクニックを要する。

分布	マレーシア	水温(度)	25 前後
エサ	メダカ	全長(㎝)	17
水質	pH6 〜 7・弱軟水	対象	中級者〜

レインボースネークヘッド

Channa bleheri

スネークヘッドの中でも小型で、繊細な魅力を持つ。水質の悪化には弱く、ろ過は十分に行う必要がある。基本的に小型魚以外との混泳も可能で、本種のみであれば30㎝幅の水槽で飼育できる。

分布	インド	水温(度)	25
エサ	アカムシ・メダカ	全長(㎝)	15
水質	pH6 前後・弱軟水	対象	初心者〜

オセレイトスネークヘッド

Channa pleurophthalma

成長に伴って体側の斑紋がオレンジに縁どられ、体全体も淡いメタリックブルーを帯びる美しい種。小型の魚などを常食としているため、小型魚との混泳はむずかしいが、丈夫で飼育しやすい。

分布	インドネシア	水温(度)	25
エサ	金魚・メダカ	全長(㎝)	40
水質	pH6 前後・弱軟水	対象	初心者〜

コイ・ドジョウの仲間

「フナ」の名前で古くから観賞魚として日本人に親しまれている
ポピュラーなコイの仲間は、丈夫で繁殖も簡単なため、
初心者も安心して飼育することができる種が多い。

独特な容姿と
雄の婚姻色が魅力的

カラシンの仲間やシクリッドの仲間と並んで人気があり、目にする機会が多いのが、コイの仲間だ。

日本人に最もなじみのあるのがコイの仲間だろう。

コイの仲間でまず思い当たるのが金魚。金魚すくいなどで家に持ち帰ったのがきっかけで、熱帯魚を飼い始める人も少なくないはずだ。

東南アジアの熱帯域を中心に生息するコイの仲間は総じて強健な種が多く、丈夫で飼育しやすいため、初心者の入門用として紹介されることが多い。

特にアカヒレは、厳密には温帯〜亜熱帯に生息する魚なので、低温にもよく順応するため、特殊な器具がなくても飼うことができる。

金魚よりも飼いやすいといわれるほどトラブルが少ないため、飼育に自信がない人は、アカヒレから始めるとよいだろう。

古くから親しまれているラスボラには多くの種類がいて、その体色は飼い込むほどに輝きが増すため、腕によりをかけて飼育するのも楽しい。

また、この仲間は雄が雌を追尾する繁殖行動に入ると、雄の体色が変化するという特徴がある。この婚姻色が非常に美しいため、ぜひ10匹程度の群れで飼い、繁殖にチャレンジしてもらいたい。

同じコイの仲間のドジョウは、水槽の掃除屋として飼育されることが多いが、愛嬌のある顔つきと色の美しさから、水槽のマスコットとしても人気が高い。ただ、砂を掘り返す習性があるので、水草の水槽には向かないものもいる。

＼ 飼い手のレベルに 応じて楽しめる ／

初心者の入門種といわれるものから、飼い込むほどに輝きが増すものまで、飼い手のレベルに応じて種を選ぶと、楽しさが広がるはずだ。

バルブス・ヤエ
Barbus jae

アフリカ原産コイ類の代表種だが入荷は安定していない。アジア原産のコイ類とは異なった美しさを持つ本種は、協調性にすぐれ、水質に注意を要するが比較的飼育は簡単だ。

分布	コンゴ・カメルーン	水温(度)	25
エサ	フレーク・顆粒	全長(㎝)	4
水質	pH5 ～ 6・軟水	対象	中級者～

ラスボラ・ウロフタルマ
Boraras urophthalmoides

以前は「Rasbora」属に含まれていたが、近年になって「Boraras」属に分けられた。やや水質に敏感で購入時や水換えに注意が必要であるが、性格は温和で飼育自体は簡単である。

分布	タイ	水温(度)	25
エサ	フレーク・イトメ	全長(㎝)	3
水質	pH6 前後・弱軟水	対象	初心者～

パールダニオ
Brachydanio albolineatus

比較的水面近くを群れで行動することの多い種。飼育は容易で、初心者でも小型水槽で十分飼育できる。成長に伴って体が真珠のような光沢を持つようになり、水草水槽によく映える。

分布	東南アジア	水温(度)	25
エサ	フレーク	全長(㎝)	6
水質	pH6 前後・弱軟水	対象	初心者～

ゼブラダニオ
Brachydanio rerio

おとなしい小型のコイの仲間。パキスタンからミャンマーにかけて広く分布しており、養殖業者から逃げた個体群が、一部コロンビアにも生息している。飼育は容易で初心者にも向く。

分布	パキスタン・インド・ミャンマー	水温(度)	25
エサ	フレーク	全長(㎝)	5
水質	pH6 前後・弱軟水	対象	初心者～

レオパードダニオ

Brachydanio rerio (frankei)

ゼブラダニオの改良品種ともいわれているが、はっきりとしたことはわからない。ゼブラダニオ同様に飼育は容易で、小型水槽でも十分に飼育できる。バリエーションでロングフィンタイプがある。

分布	不明	水温（度）	25
エサ	フレーク	全長（cm）	5
水質	pH6 前後・弱軟水	対象	初心者〜

ミクロラスボラ "ブルーネオン"

Microrasbora sp. (kubotai)

近年になって輸入されるようになった小型のコイの仲間。体は半透明で、成熟すると体側がメタリックブルーに染まる。比較的新鮮な飼育水を好み、水質が悪化すると体調をくずしてしまうことが多い。

分布	タイ	水温（度）	25
エサ	フレーク・イトメ	全長（cm）	3
水質	pH5 〜 6・弱軟水	対象	中級者〜

ポストフィッシュ

Puntius lateristriga

山間の清流に生息し、滝壺のような流れのはげしい場所でも見かけることができる。丈夫で非常に飼育しやすいが、遊泳力が強く活発であるため、大きめの水槽で飼育したほうがよい。

分布	マレーシア・インドネシア	水温（度）	25
エサ	フレーク・顆粒	全長（cm）	18
水質	pH6 前後・弱軟水	対象	初心者〜

ゴールデンバルブ

Puntius sachsi

非常に丈夫な種で、初心者でも小型水槽で十分に飼育できる。体側の黒い斑紋は不明瞭かつランダムで個体によって大きく異なる。また、比較的温和な種でほかの小型魚種との相性もよい。

分布	マレーシア	水温（度）	26
エサ	フレーク・顆粒	全長（cm）	8
水質	pH6 前後・弱軟水	対象	初心者〜

オレンジグリッターダニオ

Danio choprai

水槽内を休みなく泳ぎ回って飼い主を飽きさせないダニオ。体色のきれいな本種は丈夫で、購入後すぐでもエサを食べてくれる。水槽に慣れるとオレンジ色が鮮やかに発色し、より美しくなる。

分布	東南アジア	水温(度)	25
エサ	フレーク	全長(cm)	4
水質	pH6 前後・弱軟水	対象	初心者〜

オデッサバルブ

Puntius sp.

改良品種とされているが定かではなく、オデッサという名称も人名に由来しているのか地名かも不明。飼育は簡単であるがやや気性の荒い面があり、本種よりも小型の魚種とは混泳させないほうがよい。

分布	不明	水温(度)	25
エサ	フレーク・顆粒	全長(cm)	5
水質	pH6 前後・弱軟水	対象	初心者〜

スマトラ

Puntius tetrazona

ごく一般的な熱帯魚。若干気性が荒く、ほかの小型魚種をつついてしまうことがあるので混泳するときには注意が必要。飼育は容易で水質やエサなどに特別な工夫を必要としない。

分布	インドネシア	水温(度)	25
エサ	フレーク	全長(cm)	5
水質	pH6 前後・弱軟水	対象	初心者〜

グリーンスマトラ

Puntius tetrazona var.

スマトラの改良品種で飼育は同じ。この種は長くたれ下がるヒレなどをつついてしまうことが多いため、グッピーやエンゼルフィッシュとの混泳には不向き。

分布	改良品種	水温(度)	25
エサ	フレーク	全長(cm)	5
水質	pH6 前後・弱軟水	対象	初心者〜

アルビノスマトラ

Puntius tetrazona var.

スマトラの改良品種で飼育は同じ。基本的に群れで生活をしており、複数で飼育するほうがよい。小型の水槽でも十分に飼育できるが、やわらかい水草を食べてしまうので注意が必要。

分布	改良品種	水温 (度)	25
エサ	フレーク	全長 (cm)	5
水質	pH6 前後・弱軟水	対象	初心者〜

チェリーバルブ

Puntius titteya

東南アジアで大量に養殖が行われている一般的な種であるが、原産地のスリランカでは過度の採取によってその数が激減してしまった。飼育は簡単で小型水槽でも十分に飼育できる。

分布	スリランカ	水温 (度)	26
エサ	フレーク	全長 (cm)	4
水質	pH6 前後・弱軟水	対象	初心者〜

ラスボラ・アクセルロッディ"ブルー"

Rasbora axelrodi var."BLUE"

コイ類の中でも超小型の部類に入る非常に美しい種類。ヨーロッパでも繁殖がなされており、改良によるカラーバリエーションもある。水質に敏感で水草を多く植え込んだ水槽で飼育するほうがよい。

分布	改良品種	水温 (度)	25
エサ	フレーク・イトメ	全長 (cm)	2
水質	pH5 〜 6・弱軟水	対象	初心者〜

キンセンラスボラ

Rasbora borapetensis

目にすることの多い一般種で、初心者でも小型水槽で十分に飼育ができる。軟水を好むため、水草を多く植え込んだ水槽を事前に用意し、セットして1週間以上たってから魚を入れたほうがよい。

分布	マレーシア	水温 (度)	25
エサ	フレーク	全長 (cm)	5
水質	pH6 前後・軟水	対象	初心者〜

ブルーアイラスボラ

Rasbora dorsiocellata

派手さはないが有茎水草をレイアウトした水槽に
非常によく映える種。輸入される量は多く、非常
に一般的で小型水槽での飼育に向いているが、水
質変化に対してやや神経質な面がある。

分布	マレーシア・インドネシア	水温(度)	25
エサ	フレーク	全長(㎝)	4
水質	pH6 前後・弱軟水	対象	初心者～

ラスボラ・ヘテロモルファ

Rasbora heteromorpha

「ラスボラ・バチ」「ヘテロ」という名称で販売さ
れることも多い一般種。改良品種に「ブルー」「ゴ
ールド」があり、ヨーロッパで繁殖されている。
飼育は容易で、ほかの小型魚との相性もよい。

分布	タイ・インドネシア	水温(度)	25
エサ	フレーク	全長(㎝)	5
水質	pH6 前後・弱軟水	対象	初心者～

ラスボラ・エスペイ

Trigonostigma espei

群れをつくる魚なので、たくさんの数を飼育する
とよい。丈夫でおとなしく、ほかの魚との相性も
よい。水環境をととのえてやるとオレンジ色が強
い発色を示し、非常に美しい姿を見せる。

分布	東南アジア	水温(度)	25
エサ	フレーク	全長(㎝)	3.5
水質	pH6 前後・弱軟水	対象	初心者～

レッドラインラスボラ

Rasbora pauciperforata

沼や池の水草が生い茂る水辺の水面近くに群れを
なして生息している種。体側にある赤い線状の模様
は水質によって左右される。基本的に飼育は容易
であるが、水質変化によって体調をくずしやすい。

分布	東南アジア	水温(度)	25
エサ	フレーク・顆粒	全長(㎝)	8
水質	pH6 前後・弱軟水	対象	初心者～

シザーステールラスボラ
Rasbora trilineata

湖沼・湿地帯・大きな河川などに広く分布する一般種。比較的流れのゆるやかな場所の水面付近に生息している。飼育は容易で、初心者にもおすすめできる入門魚。

分布	マレーシア・インドネシア	水温 (度)	25
エサ	フレーク・顆粒	全長 (cm)	13
水質	pH6 前後・弱軟水	対象	初心者〜

レッドフィンレッドノーズ
Sawbwa resplendens

水草が多く自生する澄んだ水の中で群れて生活している。非常に小型だが、メタリックに輝く体が美しい。飼育はそれほどむずかしくないが、水質の悪化に弱い面があり、こまめな水換えが必要。

分布	ミャンマー	水温 (度)	25
エサ	フレーク	全長 (cm)	2.5
水質	pH7 〜 8・弱軟水	対象	中級者〜

アカヒレ
Tanichthys albonubes

中国南部に生息する温帯魚。養殖された個体が香港や広州から大量に輸入されるが、その多くは肉食魚のエサ用として扱われている。水温変化に対して適応力が強く、丈夫で飼育しやすい。

分布	中国	水温 (度)	23
エサ	フレーク	全長 (cm)	5
水質	pH6 前後・弱軟水	対象	初心者〜

レッドテールブラックシャーク
Epabeorhynchos bicolor

尾ビレのみが赤い本種に対して、各ヒレが赤くなる種は「レインボーシャーク」と呼ばれ、比較的低層を遊泳しながら活発にエサをさがす。両種ともに丈夫で初心者にも十分飼育可能である。

分布	タイ	水温 (度)	25
エサ	フレーク・顆粒	全長 (cm)	15
水質	pH6 前後・弱軟水〜弱硬水	対象	初心者〜

シルバーシャーク

Balantiocheilus melanopterus

レッドテールブラックシャークに体形が似ている
が、本種は比較的中層を群れで泳いでいることが
多い。30㎝程度にまで成長する大型の種である。
飼育は容易で、水質変化にも強い。

分布	タイ	水温(度)	25
エサ	フレーク・顆粒	全長(㎝)	30
水質	pH6 前後・弱軟水〜弱硬水	対象	初心者〜

ホンコンプレコ

Pseudogastromyzon myersi

自然下では日中は川底の岩陰に隠れていることが
多い。プレコという名前がついているが、動物性
の飼料も十分に与える必要がある。比較的丈夫で
あるが、体表のスレ傷には弱い面がある。

分布	中国	水温(度)	25
エサ	タブレット・イトメ	全長(㎝)	10
水質	pH6 前後・弱軟水	対象	初心者〜

サイアミーズ・フライングフォックス

Crossocheilus siamensis

コケを食べる特性があり、水草水槽には欠かせな
い種類。水草のすき間をちょこちょこと泳いだり、
葉の上でコケをついばんでいるところをよく見か
ける。丈夫でほかの魚とも相性がよい。

分布	タイ・インドネシア	水温(度)	25
エサ	フレーク	全長(㎝)	10
水質	pH6 前後・弱軟水	対象	初心者〜

エンツイユイ

Myxocyprinus asiaticus

本種には 2 亜種が知られているが、どちらが輸入
されているかは不明である。沈下性のニシキゴイ
のエサなどでも十分に飼育できる丈夫な魚種で、
幼魚期には背ビレが長く伸長しユーモラスである。

分布	中国	水温(度)	23
エサ	顆粒	全長(㎝)	60
水質	pH6 前後・弱軟水	対象	中級者〜

クラウンローチ

Botia macracanthus

ドジョウの仲間でも人気の高い種で、比較的大きく成長する。飼育自体はむずかしくないが、白点病にかかりやすいため、水温を高めにし、購入直後には薬剤などによる予防を行ったほうがよい。

分布	インドネシア	水温(度)	27
エサ	顆粒・イトメ・アカムシ	全長(㎝)	30
水質	pH6 前後・弱軟水	対象	初心者～

ホースフェースローチ

Acanthopsis choirorhynchus

メコン川下流域の砂底に多く生息している。飼育しやすく丈夫であるが、砂にもぐる性質から水草を抜いてしまうため、水草はポットなどに植えてからレイアウトしたほうがよい。

分布	インド・東南アジア	水温(度)	26
エサ	顆粒・イトメ・アカムシ	全長(㎝)	25
水質	pH6 前後・弱軟水	対象	初心者～

スカンクボーシャ

Brachydanio albolineatus

背中の中央を走る黒のラインからスカンクという呼び名がつけられている。一般的で目にすることが多く飼育も容易である。本種のように活発なドジョウの仲間にはイトメなどの動物性飼料も必要。

分布	タイ	水温(度)	26
エサ	顆粒・イトメ・アカムシ	全長(㎝)	10
水質	pH6 前後・弱軟水	対象	初心者～

クーリーローチ

Pangio kuhlii

基本的に夜行性の魚種のため、水槽飼育している場合でもあまり泳いでいる姿を目にする機会は少ない。非常に丈夫で水質に対する順応性にもすぐれており飼育しやすい。

分布	マレーシア	水温(度)	26
エサ	フレーク・イトメ	全長(㎝)	10
水質	pH6 前後・弱軟水	対象	初心者～

ナマズの仲間

一口にナマズといっても、その姿形は千差万別。
数千種類以上といわれるナマズの仲間は、
生態や繁殖行動もユニークで、単独で飼育する人も少なくない。

ヒゲがチャームポイントの
水槽のマスコット

　ナマズというと、暗褐色ののっぺりとした姿を思い描いてしまうが、世界じゅうに分布する数千種類といわれるナマズの仲間は、体色や模様、大きさなどバラエティーに富んでいる。

　観賞用として輸入されているにもかかわらず、小型プレコなどは水槽の掃除屋として飼育する人も多い。その種だけで200種を超える仲間のいるコリドラスや、体表の文様が美しいプレコなど個性的な個体が多く、ナマズの仲間だけを飼育する愛好者も少なくない。

　飼育自体はむずかしくなく、基本的な管理ができれば十分だが、チャームポイントでもあるヒゲを傷めないような底床砂を選ぶ必要がある。

　また、体が透明で骨が透けて見える神秘的なグラスキャットの仲間や、発電魚であるデンキナマズなど、ユニークな特性が魅力的なものもおり、その種の多さをあらためて実感することができる。

　圧巻なのはレッドテールキャットフィッシュやドラードキャットフィッシュなど、1mを超える大型ナマズだ。

　稚魚は小さいものの成長が早く、その成長過程は目に見えるほど。しかも愛嬌ある顔をして人によくなれるので、犬や猫のように、ペットとして飼われることもあるほどだ。

　だが、体が大きいだけに力も強く、破壊力があるため、せっかくのレイアウトをくずしてしまったり、水槽自体を割ってしまうこともある。大型のものを飼育するときには、丈夫な水槽を選ばなければならない。

水槽にピッタリくる
個体をさがそう

コケ掃除としてプレコを飼育するなら、数多い種類の中から自分の水槽にピッタリくるよう個体をさがし出そう。

ホワイトマルチンスキャット

Brachyplatystoma sp.

水槽に慣れるとタブレットタイプの人工飼料も食べるようになり、比較的容易に飼育できる。性格はおとなしいが、不用意に驚かすと暴れて、水槽に頭から激突することもあるので気をつける。

分布	ブラジル・ペルー	水温(度)	25
エサ	金魚・メダカ	全長(cm)	40
水質	pH6 前後・弱軟水	対象	中級者～

ドラードキャットフィッシュ

Brachyplatystoma flavicans

体全体がメタリックなシャンパンゴールドに彩られる美しい種。神経質で驚いた場合に水槽に激突することがあり、20cm以下の個体でも90cm以上の幅のある水槽で飼育するほうがよい。

分布	ブラジル	水温(度)	24
エサ	金魚・メダカ	全長(cm)	100
水質	pH6 前後・弱軟水	対象	中級者～

ゴスリニア

Goslinia platynema

清流を好むナマズで、強い循環ポンプと大型のろ過槽が必要。本種のヒゲは長く扁平で非常に特徴的である。比較的やせやすく太らせることがむずかしいため、エサの量には注意が必要。

分布	アマゾン川	水温(度)	23
エサ	金魚・メダカ	全長(cm)	100
水質	pH6 前後・弱軟水	対象	上級者

イエローセルフィンキャットフィッシュ

Leiarius pictus

比較的温和で飼育しやすい大型ナマズの一種。ほかの大型のナマズやシクリッドなどとも飼育が可能であるが、やはり魚食性が強いために本種の体長の半分以下の魚種とは混泳できない。

分布	ペルー	水温(度)	25
エサ	金魚・メダカ・アカムシ	全長(cm)	60
水質	pH6 前後・弱軟水	対象	初心者～

ナマズの仲間

ゼブラキャットフィッシュ

Merodontotus tigrinus

大型ナマズの中でも非常に人気の高い愛好家垂涎の魚種のひとつ。流れが速い渓流に生息しているために水温の急激な上昇と悪化には特に注意が必要。大きな水槽と十分なろ過が飼育には不可欠。

分布	ペルー	水温(度)	24
エサ	金魚・メダカ	全長(㎝)	90
水質	pH6 前後・弱軟水	対象	上級者

レッドテールキャットフィッシュ

Phractocehalus hemiliopterus

5㎝程度の幼魚が時期によってまとまって輸入される大型ナマズの代表種。そのかわいらしさから初心者が購入することも多いが、1mを超える大きさに成長することから飼育には覚悟が必要。

分布	ブラジル	水温(度)	25
エサ	金魚・メダカ	全長(㎝)	120
水質	pH6 前後・弱軟水	対象	初心者～

オキシドラス

Pseudodoras niger

体側のとげのあるウロコが一列に並んでいる大型ナマズ。飼育は容易で比較的おとなしくほかの魚種との相性もよいため、大型ナマズ飼育の初心者にもおすすめできる。

分布	ブラジル	水温(度)	25
エサ	金魚・メダカ・アカムシ	全長(㎝)	80
水質	pH6 前後・弱軟水	対象	初心者～

オレンジキャットフィッシュ

Pseudopimelodus fowleri

常に岩陰にひそんで小魚などが目の前に接近するのを待っている。水質変化に対して比較的弱く、購入時には十分な注意が必要だが一度なじんでしまえば飼育は容易である。

分布	ペルー	水温(度)	25
エサ	金魚・メダカ	全長(㎝)	50
水質	pH6 前後・弱軟水	対象	中級者～

タイガーシャベルノーズキャットフィッシュ
Pseudoplatystoma fasciatum

シャベルノーズキャットフィッシュに似た体形だが底棲性でさらに大型になる。近年ではレッドテールキャットフィッシュとの人工的な交雑種も輸入されている。

分布	ブラジル	水温(度)	25
エサ	金魚・メダカ	全長(㎝)	100
水質	pH6 前後・弱軟水	対象	初心者〜

シャベルノーズキャットフィッシュ
Sorubim lima

比較的遊泳していることの多い大型ナマズ。10㎝程度の個体が多く輸入されており、目にする機会も多い。幼魚期にはアカムシやメダカを与えて、やせないように注意が必要である。

分布	ブラジル	水温(度)	25
エサ	金魚・メダカ	全長(㎝)	60
水質	pH6 前後・弱軟水	対象	初心者〜

パールム
Pangasius sanitwongsei

最大300㎝（293kg）に達する大型ナマズ。プランクトンや底生生物を捕食する。性格は温和だが、相当な大型水槽が必要。名前の由来は、英語のバルーン（風船）がなまったもの。

分布	メコン川・チャオプラヤ川	水温(度)	25
エサ	顆粒・メダカ	全長(㎝)	100〜
水質	pH6 前後・弱軟水	対象	初心者〜

カイヤン
Pangasius sutchi

遊泳性の強いナマズで、養殖された個体が多く輸入されている。アルビノ個体も多く、どちらも飼育は容易で初心者にも可能。ただし、大型に成長することを考慮しておく必要がある。

分布	タイ	水温(度)	25
エサ	金魚・メダカ・アカムシ	全長(㎝)	60
水質	pH6 前後・弱軟水	対象	初心者〜

バンジョウキャットフィッシュ

Bunocephalus coracoideus

その体形が弦楽器のバンジョーに似ていることからこの名前がある。コンスタントに輸入されていて、飼育に技術を必要としないがスレ傷に弱い面があり、購入時に十分に注意したほうがよい。

分布	ブラジル・エクアドル	水温(度)	25
エサ	アカムシ・メダカ	全長(㎝)	15
水質	pH6 前後・弱軟水	対象	中級者〜

オトシンクルス

Otocinclus arnoldi

コケを常食とするため、水槽の掃除屋としてもよく知られた小型のナマズ。一般にいわれるほど水槽のコケをきれいに食べてくれるわけではないが、水草に付着したコケには有効である。

分布	ブラジル	水温(度)	25
エサ	タブレット	全長(㎝)	5
水質	pH6 前後・弱軟水	対象	初心者〜

ピクタス

Pimelodus pictus

長く伸長したヒゲを動かしながら水槽内を常に遊泳している小型のナマズ。丈夫で飼育しやすいが、水温の変化によって白点病にかかりやすいので注意が必要である。

分布	コロンビア	水温(度)	25
エサ	顆粒・イトメ・アカムシ	全長(㎝)	13
水質	pH6 前後・弱軟水	対象	初心者〜

バンブルビーキャットフィッシュ

Batrachoglanis raninus

名前のとおりミツバチのように黄色と黒のバンド模様を持つ中型ナマズの一種。飼育しやすく小型の水槽でも十分に飼育できるが、水質の急激な変化によって白点病にかかりやすいので注意が必要。

分布	ブラジル	水温(度)	25
エサ	メダカ・イトメ・アカムシ	全長(㎝)	20
水質	pH6 前後・弱軟水	対象	中級者〜

デンキナマズ
Malapterurus electricus

電気を発生させることで有名なナマズ。実際のとり扱いにも感電しないように注意が必要。基本的に丈夫で飼育しやすいが、スレ傷に弱いため移しかえのときにはこまかい目のネットを用いる。

分布	コンゴ	水温(度)	26
エサ	金魚・メダカ・アカムシ	全長(cm)	30
水質	pH6 前後・弱軟水	対象	初心者〜

シノドンティス・マルチプンクタートゥス
Synodontis multipunctatus

シノドンティス属の一種で pH・硬度ともに高い水質にすむ。同様の水質に生息するシクリッドとも混泳が可能。丈夫な魚種で飼育は簡単だが、ろ過装置には能力の高いものを使用したほうがよい。

分布	タンザニア	水温(度)	26
エサ	顆粒・イトメ・アカムシ	全長(cm)	20
水質	pH7 〜 8・弱硬水	対象	初心者〜

サカサナマズ
Synodontis nigriventris

アフリカを代表するナマズで、腹部を上に向けた状態で泳ぐことで広く知られている。丈夫で配合飼料もよく食べ、小型の水槽でも十分に飼育できる初心者向けのナマズ。

分布	ザイール	水温(度)	25
エサ	顆粒・イトメ・アカムシ	全長(cm)	7
水質	pH6 前後・弱軟水	対象	初心者〜

アリウスキャットフィッシュ
Arius jordani

汽水域に分布するナマズで、比較的遊泳性が高い。非常に丈夫でエサをえり好みすることなく簡単に飼育できるが、海水を飼育水に 3 分の 1 程度加えるほうがよい。

分布	インドネシア	水温(度)	25
エサ	顆粒・イトメ・アカムシ	全長(cm)	25
水質	pH6 前後・弱硬水	対象	中級者〜

チャカ・バンカネンシス

Chaca bankanensis

完全な底棲性のナマズで、物陰に隠れていることが多い。基本的に丈夫で飼育はむずかしくないが、動きが緩慢なので、中型のシクリッドなどと混泳させた場合につつかれてしまうことがある。

分布	インドネシア	水温(度)	25
エサ	金魚・メダカ	全長(㎝)	20
水質	pH5〜6・弱軟水	対象	中級者〜

トランスルーセントグラスキャットフィッシュ

Kryptopterus bicirrhis

東南アジア原産の小型ナマズで、多く輸入される一般的な魚種。飼育は簡単で、群れで遊泳生活をしているために複数で飼ったほうがよい。ただし、飼育は簡単であるが水質の悪化に弱い。

分布	インドネシア・タイ	水温(度)	25
エサ	フレーク	全長(㎝)	10
水質	pH6前後・弱軟水	対象	初心者〜

コリドラス・トリリネアートゥス（ジュリー）

Corydoras trillineatus

「コリドラス・ジュリー」という名前で販売されているもののほとんどがこの種で、実際のジュリーとは別種。野生・養殖ともに多く輸入され、価格差もほとんどない。飼育自体はむずかしくない。

分布	ペルー	水温(度)	23
エサ	顆粒・イトメ	全長(㎝)	4
水質	pH6前後・弱軟水	対象	初心者〜

アルビノコリドラス

Corydoras aeneus var.

「Corydoras aeneus」のアルビノ突然変異を固定した種。東南アジアなどで大量に養殖されており、目にする機会も多い。ノーマル品種と同様に丈夫で飼育しやすく、繁殖も容易である。

分布	改良品種	水温(度)	25
エサ	顆粒・イトメ	全長(㎝)	6
水質	pH6前後・弱軟水	対象	初心者〜

コリドラス・ロングノーズアクアートゥス

Corydoras cf. arcuatus

野生個体がペルーから輸入されている。飼育は容易で、水槽内での繁殖も可能であるが、特に野生個体のコリドラス類は全般的に高水温に弱く、夏場には水温上昇に注意する必要がある。

分布	ペルー	水温(度)	23
エサ	顆粒・イトメ	全長(cm)	6
水質	pH6 前後・弱軟水	対象	初心者～

コリドラス・バルバートゥス

Corydoras barbatus

細長い体形で比較的活発に行動する。このため水草などを抜いてしまう場合があり、しっかりと植えつけておく必要がある。高水温に弱く、大きめの水槽で飼育するほうがよい。

分布	ブラジル	水温(度)	23
エサ	顆粒・イトメ	全長(cm)	12
水質	pH6 前後・弱軟水	対象	中級者～

コリドラス・メラニスティウス

Corydoras melanistius

全身のこまかなスポットとエラの後半部分のメタリックな輝きが美しい、気品のある本種はエキノドルス属の水草を多くレイアウトした水槽によく映える。高水温に注意が必要だが飼育は容易。

分布	ギアナ	水温(度)	23
エサ	顆粒・イトメ	全長(cm)	5
水質	pH6 前後・弱軟水	対象	初心者～

コリドラス・メタエ

Corydoras metae

やや丸みがあり、黄色みを帯びている。販売されているのは野生個体であるが、これらは全般的に塩分や薬剤に対して弱いため、温度や水質の急変に注意し病気の予防を心がける必要がある。

分布	コロンビア	水温(度)	23
エサ	顆粒・イトメ	全長(cm)	6
水質	pH6 前後・弱軟水	対象	初心者～

コリドラス・パレアタス

Corydoras paleatus

非常に一般的なコリドラスで、「青コリドラス」などという名前で販売されていることも多い。成長した個体の雌雄の判別は比較的容易で、雄は雌にくらべてヒレがやや大きく体形はスレンダー。

分布	ブラジル
エサ	顆粒・イトメ
水質	pH6 前後・弱軟水
水温(度)	25
全長(㎝)	4
対象	初心者〜

コリドラス・パンダ

Corydoras panda

現在は東南アジアで養殖された個体も多く輸入され、多くのショップで販売されるようになった。養殖された個体は飼育も容易であるが、やせやすいためにイトメなどを適時与えるとよい。

分布	ペルー
エサ	顆粒・イトメ
水質	pH6 前後・弱軟水
水温(度)	23
全長(㎝)	5
対象	初心者〜

コリドラス・ステルバイ

Corydoras sterbai

養殖された個体が多く販売されるようになり価格的にも一般的な種となった。飼育は容易であるがコリドラスの仲間は清流に生息する種が多く、飼育にあたっても新鮮な水質維持が必要。

分布	ブラジル
エサ	顆粒・イトメ
水質	pH6 前後・弱軟水
水温(度)	23
全長(㎝)	6
対象	初心者〜

セルフィンプレコ

Glyptperichthys gibbiceps

東南アジアで一般的に養殖されており、国内で最も販売されているプレコの一種。非常に丈夫で飼育しやすいが、かなり大型に育つことから小型水槽で長期間飼育することはできない。

分布	ブラジル	水温(度)	26
エサ	タブレット	全長(cm)	50
水質	pH6 前後・弱軟水	対象	初心者〜

オレンジフィンカイザープレコ

Loricariidae sp.

販売されているのは現在のところ野生個体のみ。黄色みを帯びたヒレのエッジ部分と体にちりばめられたスポットの上品さによって人気が高い。飼育は容易であるが水質の悪化には注意が必要。

分布	ペルー	水温(度)	24
エサ	タブレット	全長(cm)	20
水質	pH6 前後・弱軟水	対象	中級者〜

キングタイガーペコルティア

Loricariidae sp.

飼育のしやすい小型のプレコであるが、輸入される量はやや不安定である。体表にはこまかな唐草模様があり、非常に人気が高い。ただし、その模様は個体差がはげしい。

分布	ブラジル	水温(度)	24
エサ	タブレット	全長(cm)	12
水質	pH6 前後・弱軟水	対象	初心者〜

ロイヤルプレコ

Panaque nigrolineatus

「パナクエ」と呼ばれる頭部が体のわりに大きく、体高のあるグループの代表種。色彩の個体差があり、縞模様のとぎれぐあいで「ハーフスポット」「フルスポット」などと呼ばれる。

分布	コロンビア	水温(度)	25
エサ	タブレット	全長(cm)	30
水質	pH6 前後・弱軟水	対象	中級者〜

スタークラウンプレコ

Parancistrus sp.

不明瞭なバンド模様と体じゅうにこまかいスポットが点在することからこの名前がある。一般的なプレコ。丈夫で飼育しやすく、水質にはあまり神経質ではなく初心者向きの種である。

分布	ブラジル	水温(度)	25
エサ	タブレット	全長(cm)	15
水質	pH6 前後・弱軟水	対象	初心者〜

ニュータイガープレコ

Peckoltia vermiculata

「ペコルティア」と呼ばれるグループに属する種類。飼育は容易であるがやせている個体の回復はむずかしい。購入時には腹部の状態に注意し、やせてへこんでいる個体はおすすめできない。

分布	ブラジル	水温(度)	24
エサ	タブレット	全長(cm)	10
水質	pH6 前後・弱軟水	対象	中級者〜

ウルトラスカーレットトリムプレコ

Pseudacanthicus sp.

重厚感のあるプレコで大型魚愛好家からも人気が高い。一般にプレコの仲間は流木も食べるといわれており一時的には問題がないが、専用配合飼料を十分に与えて栄養のバランスを保つほうがよい。

分布	ブラジル	水温(度)	25
エサ	タブレット	全長(cm)	30
水質	pH6 前後・弱軟水	対象	中級者〜

ミニブッシープレコ

Ancistrus sp.

東南アジアで養殖された、鼻先のヒゲが特徴的なブッシープレコの若魚の総称をさす。交配された個体もあり、成長したときのサイズは、その元となる種や個体によって異なる。

分布	東南アジアで養殖	水温(度)	25
エサ	タブレット	全長(cm)	不明
水質	pH6 前後・弱軟水	対象	初心者〜

古代魚の仲間

悠然と泳ぐ姿に思わず目を奪われてしまう古代魚の仲間。
太古の歴史に思いをはせさせるその風貌や風格が、
多くのアクアリストの心をつかみ、高い人気を誇っている。

ダイナミックな姿は
ながめているだけでも爽快

世界各地に分布し、生きた化石と称される古代魚の仲間。比較的大型になるものが多く、成長を加味した飼育設備が必要となることと、値段が高く入手しづらいため、だれでも飼育できるとはいいがたい。

しかし、その悠然と泳ぐ姿や個性的な顔つきなどはインパクトが強い。いわゆる熱帯魚と呼ばれるもののように鮮やかな色彩を放つものはいないが、その太古の歴史を刻んできた個性的な容姿は、一般的な観賞魚とはまた違った魅力にあふれている。そんな古代魚を自宅で飼育できるのも、アクアリストのだいご味といえるだろう。

この仲間の中で最もポピュラーなアロワナの仲間は、体長1mにまで成長するため、ペット感覚で飼育する人も少なくない。その稚魚は5cmほどと小さいが、早い個体は1年で50cmにまで達するため、目に見えて成長していく様子を毎日観察するのも、楽しみのひとつだ。

大型魚はむずかしいという固定観念を持ちがちだが、魚自体は丈夫なものが多く、大きな水槽やそれに付随する環境がととのえられ、日常管理がしっかりとできれば、それほど飼いにくい魚ではない。

しかし、それぞれの魚の生活環境を再現することが古代魚飼育のコツだ。古代魚の多くは特殊な環境に生きていることが多いので事前によく調べておくことがたいせつだ。

ただ、アジアアロワナなどワシントン条約によって保護されている種もあり、古代魚自体が希少な存在であることをしっかりと踏まえたうえで、それ相応の覚悟を持って飼育するように心がけたい。

やせないように注意が必要

魚食魚は一度やせてしまうと元の状態に戻すのに時間がかかることが多い。栄養価の高いエサを与え、常に様子を見ることがたいせつだ。

スーパーレッド（アジア）

Scleropages formosus

辣椒紅龍（ラーショウコウリュウ）や血紅龍（ケッコウリュウ）と呼ばれるグループのアジアアロワナの総称。体形は比較的スマートで鼻先がリフトアップするスプーンヘッドと呼ばれる個体も存在する。

分布	東南アジア	水温(度)	26
エサ	金魚・コオロギ・ムカデ	全長(㎝)	90
水質	pH6 前後・弱軟水	対象	上級者

マレーシアゴールデン（アジア）

Scleropages formosus

ワシントン条約付属書 2 類に含まれているアジアアロワナの変異種。マレーシアから輸入される過背金龍（カ背キンリュウ）などの総称であるが、色彩や繁殖業者の違いによってさらにこまかく区別されている。

分布	東南アジア	水温(度)	26
エサ	金魚・コオロギ・ムカデ	全長(㎝)	90
水質	pH6 前後・弱軟水	対象	上級者

インドネシアゴールデン（アジア）

Scleropages formosus

インドネシアから輸入される金龍（キンリュウ）の総称で、主に紅尾金龍（ベニオキンリュウ）のことをさしていることが多い。ゴールデンと呼ばれるグループは体高が高く重厚感がある。飼育は容易だが水質の変化には注意が必要。

分布	東南アジア	水温(度)	26
エサ	金魚・コオロギ・ムカデ	全長(㎝)	90
水質	pH6 前後・弱軟水	対象	上級者

ノーザンバラムンディ（オーストラリア）

Scleropages jardini

アジアアロワナと同属で、主に昆虫や小魚を食べている。現地では「ボニートング」と呼ばれ、日本で通称となっている「バラムンディ」は本来アカメの仲間をさす。飼育は比較的容易である。

分布	パプアニューギニア	水温(度)	25
エサ	アカムシ・金魚・コオロギ	全長(㎝)	90
水質	pH6 前後・弱軟水	対象	初心者〜

ブラックアロワナ（アメリカ）

Osteoglossum ferreirai

孵化後の幼魚期は体の大部分が黒だが、成長に伴って体が青白みがかっていく。飼育は容易。しかし、同種に対しては気性が荒い。幼魚は12月から2月にかけてまとまって輸入される。

分布	ブラジル	水温[度]	25
エサ	アカムシ・金魚・コオロギ	全長[cm]	100
水質	pH6 前後・弱軟水	対象	中級者〜

シルバーアロワナ（アメリカ）

Osteoglossum bicirrhosum

南米北部に広く分布している本種は、食用魚やゲームフィッシングの対象としても現地では需要が高い。低酸素にも比較的対応が可能で、飼育自体も容易である。

分布	アマゾン川	水温[度]	25
エサ	アカムシ・金魚・コオロギ	全長[cm]	120
水質	pH6 前後・弱軟水	対象	初心者〜

バタフライフィッシュ

Pantodon buchhlzi

アロワナのグループに属する本種は、その名のとおり大きな胸ビレを持つが、トビウオのように飛行することはできずジャンプ程度である。しかし、水槽の上部にすき間をつくらない工夫が必要。

分布	ナイジェリア	水温[度]	25
エサ	アカムシ・コオロギ	全長[cm]	10
水質	pH6 前後・弱軟水	対象	初心者〜

ポリプテルス・オルナテピンニス

Polypterus ornatipinnis

比較的高水温を好む種で、28度前後で飼育するほうがよい。こまかい模様が特徴的な本種は、6〜10cm程度の幼魚が多く販売されており、丈夫で飼育しやすい。

分布	コンゴ・カメルーン	水温[度]	28
エサ	アカムシ・金魚	全長[cm]	60
水質	pH6 前後・弱軟水	対象	初心者〜

ポリプテルス・エンドリケリー
Polypterus endlicheri endlicheri

ポリプテルスの代表種で、オルナテピンニスよりも扁平な体形をしている。自然下では巻き貝や甲殻類を常食としているために、水槽飼育においてもエサは生き餌を与えること。

分布	スーダン
エサ	金魚・メダカ
水質	pH6 前後・弱軟水
水温(度)	25
全長(㎝)	75
対象	中級者～

プロトプテルス・エティオピクス
Protopterus aethiopicus aethiopicus

肺魚。飼育は「プロトプテルス・ドロイ」と同じだが、本種のほうが大型になる。繭を作り、皮膚呼吸を行うことで乾季を生き延びることができる。30㎝未満の幼魚には昆虫も与えたほうがよい。

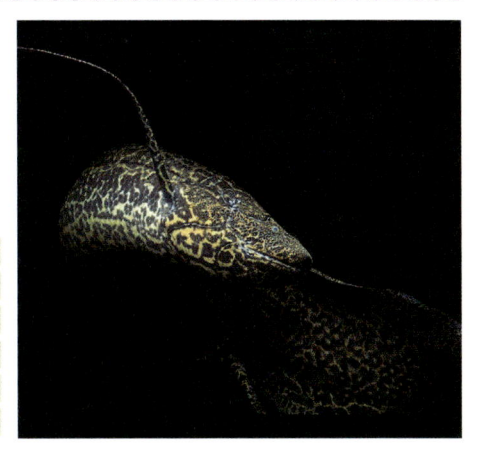

分布	ナイル川流域の湖
エサ	アカムシ・金魚
水質	pH6 前後・弱軟水
水温(度)	25
全長(㎝)	200
対象	中級者～

プロトプテルス・ドロイ
Protopterus dolloi

肺魚。この魚は乾季に産卵し雄が卵を守るため、繭の中で休眠をしないのが特徴。飼育は容易であるが、大型になり、あごの力が非常に強いため素手でとり扱わないほうがよい。

分布	コンゴ
エサ	アカムシ・金魚
水質	pH6 前後・弱軟水
水温(度)	25
全長(㎝)	130
対象	中級者～

ピラルク

Arapaima gigas

淡水魚の中でも最大種のひとつ。最大で200kgを超える。ワシントン条約付属書2類に分類されており、野生での個体数は激減しているが、現地では繁殖も行われている。水槽での飼育には不向き。

分布	ブラジル
エサ	金魚
水質	pH6 前後・弱軟水
水温(度)	25
全長(㎝)	450
対象	中級者～

ロイヤルナイフ

Chitala branchi

幼魚期には小さな黒いスポット模様だが、成長すると体の後半部分が唐草模様に変わっていく。基本的に夜行性の魚食魚で、ほかの大型魚種との相性がよく、飼育自体も簡単。

分布	タイ・カンボジア
エサ	金魚・メダカ
水質	pH6 前後・弱軟水
水温(度)	25
全長(㎝)	120
対象	初心者～

エレファントノーズ

Chitala branchi

100～2500Hz の電気を発生させる器官を持ち、これを利用して夜間に捕食行動を行う。同種間では非常に攻撃的で、活発に泳ぎ回る魚種には臆病であるため混泳には向かない。

分布	ナイジェリア
エサ	イトメ・アカムシ
水質	pH6 前後・弱軟水
水温(度)	25
全長(㎝)	35
対象	中級者～

マンチャデオーロ

Potamotrygon henlei

ポルカドットスティングレーと酷似しているが、白いスポットが縁にまで入っていることで区別ができる。純淡水のエイで、水質変化には非常に弱く、購入時や水換え時には細心の注意が必要。

分布	アマゾン川
エサ	アカムシ・金魚・エビ
水質	pH6 前後・弱軟水
水温(度)	25
全長(cm)	70
対象	上級者

モトロ

Potamotrygon motoro

産地によるカラーバリエーションが多く、特にコロンビア原産の個体は美しい。純淡水のエイの中では入荷もコンスタント。エイを飼育する場合の入門魚である。購入時に体表の傷の有無に注意。

分布	南米北部
エサ	アカムシ・金魚・エビ
水質	pH6 前後・弱軟水
水温(度)	25
全長(cm)	40
対象	中級者〜

アミア・カルヴァ

Amia calva

幼魚期には、高水温に弱くやせやすいので観賞魚用のクーラーを使うなど注意が必要。成魚になると丈夫になり、よどんだ水や高水温の環境でも空気呼吸によってしのぐことができる。

分布	北米北部
エサ	金魚・メダカ・ペレット
水質	pH6 前後・弱軟水
水温(度)	15 〜 20
全長(cm)	50
対象	上級者

その他の魚

ニューギニアなどの島々に生息しているレインボーフィッシュ。
海水に起源を持つこれらの仲間は、
独特な魅力を持った姿形で多くの人を魅了している。

海水魚のように鮮やかなレインボーフィッシュ

海水魚に似た色彩を放つ美しい魚で、汽水魚と混同されることの多いレインボーフィッシュ。

ほかの熱帯魚とは違い、自然界の中で培ってきた習性や姿も相まって、特殊なイメージが強いため、初心者には敬遠されがち。

しかし、そのほとんどは純淡水魚のため、水質管理にさえ気をつければ初心者でも飼育することが可能だ。

レインボーフィッシュは、主に淡水に近い水域に生息している汽水魚といわれるものと、本来は海水魚だったものの2種類に分けられる。

そのため、本来海水魚だったレインボーフィッシュに関しては、海水に近い塩分濃度にすると発色がよくなるものも多い。もちろん、淡水に生息していたものはその必要はない。購入時にはショップでよく聞くことがたいせつだ。性格は比較的おとなしい種が多いので、淡水魚であれば混泳も可能だ。

また、産卵や繁殖も比較的簡単なので、飼育に慣れてきたら、ぜひチャレンジしてもらいたい。

エビや貝は雑食性で、魚が食べないようなコケなどを食べてくれるため、水槽内の掃除屋としてよく働いてくれるので、混泳には欠かせないだろう。

もちろん熱帯魚のじゃまにもならないし、見た目もきれいで観賞用としてもたえられるため、一石二鳥だ。

しかし、貝の中には水草を食べる種もいるので、やわらかい水草との共生は避けたほうが無難だ。

水質や生息地域を確認しよう

レインボーフィッシュは、個体によって好む水質が変わってくる。購入する際は必ず水質や生息地域を確認し、それに合わせた管理をしよう。

ニューギニアレインボーフィッシュ

Iriatherina werneri

低地の沼や河川のよどみに生息している本種は、水槽内での飼育においても強い流れは好まない。雄の各ヒレは非常に長く伸長するため雌雄の判別は容易で、繁殖も可能。

分布	パプアニューギニア	水温(度)	25
エサ	フレーク・イトメ	全長(cm)	3
水質	pH7～8・弱硬水	対象	初心者～

ハーフオレンジレインボーフィッシュ

Melanotaenia boesemani

比較的大型で体高のあるレインボーフィッシュ。成熟するとオレンジ色が強くなり、ボリューム感も増す。丈夫で水質にも柔軟に対応でき、飼育は容易である。

分布	インドネシア	水温(度)	25
エサ	フレーク・イトメ	全長(cm)	9
水質	pH7～9・弱硬水	対象	初心者～

スカーレット・ジム

Dario Dario

水の流れが弱く、水草の生い茂る水槽で飼育するとよい。オスの体色が赤くなりペアになったら、浮き草などを入れて水槽内を薄暗くすると、繁殖を始めることが多い。

分布	インド・ブータン	水温(度)	22
エサ	フレーク・ブラインシュリンプ	全長(cm)	2
水質	pH7前後、軟水	対象	中級者～

ネオンドワーフレインボーフィッシュ

Melanotaenia praecox

雄の尻ビレ、尾ビレ、背ビレが赤く染まるために雌雄の判別が可能であり、水槽内での繁殖も可能。近年になって輸入され始めた種であるが、現在では一般的。飼育は容易で特別な注意は要しない。

分布	パプアニューギニア	水温(度)	25
エサ	フレーク・イトメ	全長(cm)	5
水質	pH6前後・弱軟水～弱硬水	対象	初心者～

バタフライレインボーフィッシュ

Pseudomugil gertrudae

小型のレインボーフィッシュの仲間で、大きめの胸ビレを持つことからこの名称がある。このグループの中では比較的中性の軟水を好むため、一般的な熱帯魚との混泳に問題はない。

分布	パプアニューギニア	水温(度)	25
エサ	フレーク・イトメ	全長(cm)	3
水質	pH6 前後・弱軟水〜弱硬水	対象	初心者〜

セレベスレインボーフィッシュ

Telmatherina ladigesi

透明な体に青いラインが特徴的。水槽内での繁殖も比較的簡単。やや高めのpHを好むが、水質変化にある程度柔軟に対応することができ、ほかの魚との混泳も可能。

分布	インドネシア	水温(度)	25
エサ	フレーク・イトメ	全長(cm)	8
水質	pH7 〜 8・弱硬水	対象	初心者〜

ミドリフグ

Tetraodon fluviatilis

淡水から汽水に生息するフグの代表種。飼育は容易だが、やや気性が荒く、同種を含めたほかの魚をつつくことがある。ほかのフグ同様、毒を持つが、飼育には問題とならない。

分布	東南アジア	水温(度)	25
エサ	顆粒・アカムシ	全長(cm)	15
水質	pH7 〜 8・弱硬水	対象	初心者〜

アベニーパファー

Carinotetraodon travancoricus

純淡水に生息する非常に小型のフグの仲間。最近では販売されることも多くなり、一般種となったが、現地の一部地域では野生個体数の減少が懸念されている。飼育は容易で新鮮な飼育水を好む。

分布	インド	水温(度)	25
エサ	顆粒・アカムシ	全長(cm)	3
水質	pH6 前後・弱軟水〜弱硬水	対象	初心者〜

レッドスキャット

Scatphagus argus

マングローブが生い茂る河口域に多く生息。水槽飼育の場合でも海水の 3 分の 1 程度の比重となるように塩分を加えたほうがよい。丈夫で飼育は容易であるが背ビレ、腹ビレ、尻ビレに毒がある。

分布	インド・東南アジア	水温(度)	26
エサ	顆粒・アカムシ	全長(cm)	38
水質	pH7 〜 8・弱硬水	対象	初心者〜

カラーラージグラスフィッシュ

Chanda baculis

汽水魚として販売されていることもあるが、純粋な淡水魚。体の輪郭に色素を注入されているが、長期飼育した場合には魚の代謝によって色があせてくる。飼育は容易だが新鮮な飼育水を好む。

分布	インド	水温(度)	25
エサ	顆粒・アカムシ	全長(cm)	5
水質	pH6 〜 7・弱硬水	対象	初心者〜

マッドスキッパー

Periophthalmus valgaris

飼育には干潟を再現する必要があり、それが飼育のポイントとなる。腹ビレが吸盤状になっており、水槽のガラスを登ることがあるので注意が必要。エサは植物性飼料も与えたほうがよい。

分布	インド・東南アジア	水温(度)	25
エサ	フレーク・イトメ	全長(cm)	15
水質	pH7 〜 8・弱硬水	対象	中級者〜

ゴールデンデルモゲニー

Dermogenys pusillus var.

純淡水の河川や湖沼に生息するサヨリの仲間。卵胎生で水槽内でも繁殖が可能である。体表が金色がかっているのはバクテリアが共生しているためである。おとなしく、ほかの魚との混泳も可能。

分布	マレーシア・インドネシア	水温(度)	25
エサ	アカムシ	全長(cm)	7
水質	pH7 〜 8・弱硬水	対象	初心者〜

アーチャーフィッシュ

Toxotes jaculatrix

「テッポウウオ」として有名な本種は汽水域のマングローブが茂る場所に多く生息している。常食は昆虫だが、小魚なども食べるため混泳には注意が必要。非常に丈夫で飼育自体は容易である。

分布	インド・東南アジア	水温(度)	26
エサ	顆粒・アカムシ	全長(cm)	30
水質	pH7 ～ 8・弱硬水	対象	初心者～

ダトニオ

Coius microlepis

大型魚としての人気が高い。輸入量が不安定であるため入手がやや困難であるが、本種に近縁なものが数種あり、それらは比較的目にすることが多い。丈夫な魚で飼育は簡単である。

分布	タイ	水温(度)	25
エサ	金魚・メダカ	全長(cm)	50
水質	pH6 前後・弱軟水	対象	中級者～

リーフフィッシュ

Monocirrhus polyacanthus

みずからを枯れ葉に擬態して小魚を捕食することで有名。水槽飼育においても不活発で、物陰に隠れていることが多い。軟水を好み、水質の変化に弱いため購入時には水質調整に注意が必要。

分布	南米北部	水温(度)	25
エサ	メダカ	全長(cm)	8
水質	pH6 前後・軟水	対象	中級者～

ピーコックガジョン

Tateurundina ocellicauda

熱帯雨林を流れる小川や沼に生息している小型のカワアナゴの仲間。自然下では、小規模な群れを形成して川底を遊泳している。ほかの魚種との混泳も可能で、飼育も容易である。

分布	パプアニューギニア	水温(度)	24
エサ	顆粒・アカムシ	全長(cm)	7
水質	pH6 前後・弱軟水～弱硬水	対象	初心者～

バンブルビーフィッシュ

Brachygobius doriae

汽水域に生息している小型のハゼ。名前のとおりミツバチのような模様がかわいいが、なわ張り意識が強く、同種に対しては攻撃的。飼育は容易であるが、海水の4分の1程度の比重が好ましい。

分布	マレーシア・インドネシア	水温(度)	25
エサ	アカムシ	全長(cm)	4
水質	pH7〜8・弱軟水	対象	初心者〜

淡水カレイ

Trinectes fluviatilis

淡水〜海水域に生息する小型のカレイの仲間で、比較的入荷量も多く飼育しやすい。ほかの魚に対して攻撃をしかけることはないが、エンゼルフィッシュなどにはつつかれてしまうことがある。

分布	ペルー	水温(度)	25 前後
エサ	イトメ・アカムシ	全長(cm)	5
水質	pH6〜8・弱軟水〜弱硬水	対象	初心者〜

ビーシュリンプ

Caridina sp.

香港などから多く輸入されるミツバチ模様の小型のエビ。近年多く販売されている種は透明と黒の縞模様で、以前多く流通していた種とは異なるものと考えられる。飼育自体は簡単で繁殖も容易。

分布	中国	水温(度)	25
エサ	フレーク	全長(cm)	2
水質	pH6 前後・弱軟水〜弱硬水	対象	初心者〜

レッドビーシュリンプ

Caridina sp.

赤と白の鮮やかな模様が、たった2cmの体に入ったかわいらしい人気種である。ビーシュリンプの改良品種で、水質の変化に敏感であり、うまく飼育するには水質の管理がポイントになる。

分布	改良品種	水温(度)	25
エサ	フレーク	全長(cm)	2
水質	pH6.5 前後・弱軟水〜弱硬水	対象	上級者

ヤマトヌマエビ

Caridina japonica

コケを好んで食べるため、水槽のコケ掃除をさせる目的で飼育されていることが多い一般的なエビ。降海して繁殖を行うので繁殖は非常にむずかしいが、水質変化に注意すれば飼育は容易。

分布	日本	水温(度)	25
エサ	フレーク	全長(㎝)	5
水質	pH 6前後・弱軟水	対象	初心者～

ホワイトグローブ・シュリンプ

Caridina dennerli

胸脚の第一・第二だけが白く、水槽の中でせわしなく動かす姿がユーモラス。水草や流木をレイアウトしてエビだけで楽しむのもいいし、3㎝ほどのおとなしい熱帯魚なら混泳させてもよい。

分布	インドネシア	水温(度)	25
エサ	フレーク	全長(㎝)	2
水質	pH7.4 ～ 8.5・弱軟水	対象	上級者

イシマキガイ

Clithon retropictus

コケの掃除用として人気が高い。若干塩分を含む水で飼育したほうが調子はよく、活発に行動する。やわらかい水草をかじってしまうことがあるが、コケもよく食べ本来の目的を果たしてくれる。

分布	日本	水温(度)	24
エサ	フレーク	全長(㎝)	2
水質	pH 6前後・弱軟水～弱硬水	対象	初心者～

イガカノコガイ

Tateurundina ocellicauda

汽水域に生息する小型の巻き貝の仲間。淡水でも飼育が可能で、コケの掃除用に飼育されることが多い。ほかに「カノコガイ」といった種も販売される。

分布	西部太平洋の熱帯汽水域	水温(度)	23 前後
エサ	フレーク	全長(㎝)	3
水質	pH6 ～ 8・弱軟水～弱硬水	対象	初心者～

水草

レイアウト水槽に欠かすことのできない水草。
最近は水草をメインとした水草レイアウトにも人気が集まっている。
それぞれの生態や特徴を知り、効果的な使い方をしたい。

豊富な種類の中から
自分好みの水草を選び出そう

一口に水草といっても、その種類は豊富で、色や形などバラエティーに富んでいる。そのため、自分の理想とするレイアウトを実現させるには、その生態や特性を知り、効果的に使わなければならない。

水草は、主に有茎型の水草と、株もののロゼット型と呼ばれる水草の2つに分けられる。

有茎型は茎に葉が生えた水草のことで、茎を短くカットして前景用として用いたり、その勢いのある姿を生かして後景に用いたりできるため、多様な使い方ができるのが魅力だ。

ただ、生長の早いものが多いため、ちょっとほうっておくと荒れた印象の水槽になってしまうので、トリミングなどの手入れは定期的に行う必要がある。

ロゼット型はホウレンソウのように株状になった水草のことで、根元から放射状に伸びる種類が多いので、効果的にレイアウトすれば、個性的な水槽を作ることができる。

また、水槽のアクセントとなる流木に水草やコケを活着させることで、同じ水槽の趣ががらっと変わることもある。

これらの水草をじょうずに飼育するためには、光合成をするための照明や CO_2 キットが必要になる。また、水槽の底砂の中には養分が少ないため、肥料などを与えることもたいせつだ。しかし、基本的な器具をそろえ、定期的な手入れを怠らなければ、水草の飼育はそれほどむずかしいものではなくなってきた。

ぜひ自分好みに合った水草をさがし、理想のレイアウトを作り上げてもらいたい。

コケ発生を
おそくするには

コケは水中の栄養過多が原因で発生することが多い。そのため換水をまめにし、肥料を与えすぎないことで、発生を遅らせることができる。

世界マップで見る エリア別 水草原産地

アクアリウムの印象を大きく左右する水草。今や、アクアリウムに水草は欠かせない存在だ。水草は種類によって育成の難易度が全く違う。それは生息地の水質にもよる。清流で育ったものは、水質悪化には弱く、枯れやすい。また、少々水質管理を怠ってもどんどん育つたくましい水草もある。

タイガーロータス

マダガスカルレースプラント

アヌビアス・ナナ

アフリカエリア

東南アジアエリア

オセアニアエリア

ウォーターウイステリア

ミクロソリュウム

ハイグロフィラ・ポリスペル

アナカリス

ニードルリーフルドウィジア

グリーンカボンバ

ピグミーマッシュルーム

アマゾンソードプラント

ミリオフィラム・マトグロッセンセ・"グリーン"

バナナプラント

北米・中米エリア

南米エリア

ロタラ・ロトンジフォリア・"グリーン"

グロッソスティグマ

ブリクサ・"ショートリーフ"

バコパ・モンニエリ

Bacopa monnieri

北米に多く自生してる水草で、薬草としても用いられている。肥料を与える必要は特にない。比較的塩分にも強く丈夫な水草で、初心者でも栽培は容易である。

形状	有茎型	分布	広域分布種		
光量	やや強め	pH	6〜8	CO₂	不要
水温(度)	20 〜 25	対象	初心者〜		

グリーンカボンバ

Cabomba caroliniana

日本にも帰化しており、「ハゴロモモ」と呼ばれている。金魚用の水草として育成されることも多い。また産卵床としても使用されているため非常に一般的。初心者にも簡単に育成できる。

形状	有茎型	分布	北米		
光量	普通	pH	6前後	CO₂	不要
水温(度)	18 〜 25	対象	初心者〜		

アナカリス

Egeria densa

金魚用の水草としても販売されており、丈夫でポピュラーな水草。栽培は容易であるが、1mを超える長さに生長することもあるので、こまめなトリミングがたいせつ。

形状	有茎型	分布	北米		
光量	普通	pH	5〜8	CO₂	不要
水温(度)	15 〜 23	対象	初心者〜		

パールグラス

Hemianthus micranthemoides

美しくこまかな葉が特徴だが、育成にあたってはややむずかしい面がある。土状の植物育成用底砂を用意し、生えている密度をコントロールするなどまめなトリミングが必要。

形状	有茎型	分布	北中米		
光量	やや強め	pH	6前後	CO₂	必要
水温(度)	20 〜 25	対象	中級者〜		

水草

ツーテンプルプラント

Hygrophila corymbosa var. angustifolia

細長い大きめの葉を茎の各節に 2 枚ずつつけることからこの名前がある。ほかにも節に 3 枚の葉をつけるスリーテンプルプラントもあり、両者ともに初心者にも育成は容易である。

形状	有茎型	分布	東南アジア		
光量	普通	pH	5〜8	CO₂	要
水温(度)	25 前後	対象	初心者〜		

ハイグロフィラ・ポリスペルマ

Hygrophila polysperma

ペットショップなどでも目にする機会の多い一般的な水草で、初心者にも向いている。特別なテクニックは必要としないが、照明が弱い場合には葉がよじれてしまうことがある。

形状	有茎型	分布	東南アジア		
光量	普通	pH	6 前後	CO₂	不要
水温(度)	20〜25	対象	初心者〜		

ウォーターウイステリア

Hygrophila difformis

非常に生長が早く、育成も容易な水草だ。しかし、生長すると非常に葉が大きくなるため密生してしまう。植え込みを行う際には 3 cm 以上の間隔をあけたほうがよい。

形状	有茎型	分布	東南アジア		
光量	普通	pH	5〜8	CO₂	不要
水温(度)	25 前後	対象	初心者〜		

ハイグロフィラ・ロザエネルヴィス

Hygrophila polysperma var. rosanervis

ハイグロフィラ・ポリスペルマの改良品種で新芽が赤く染まる美しい種。育成はポリスペルマと同様で初心者でも特別なテクニックなしで育成が簡単に行える。

形状	有茎型	分布	東南アジア		
光量	普通	pH	6 前後	CO₂	不要
水温(度)	20〜25	対象	初心者〜		

アンブリア

Limnophila sessiliflora

葉はグリーンカボンバに似ているが、本種のほうが全体的なボリューム感がある。育成は容易であるが、密生させすぎると根が腐ってしまうことがある。

形状	有茎型	分布	東南アジア		
光量	やや強め	pH	6 前後	CO₂	要
水温(度)	25 前後	対象	初心者〜		

ルブラハイグロ

Ludwigia glandulosa

ややよじれた赤い葉が特徴的な本種であるが、照明が弱いと薄い緑になってしまうことがある。CO₂ の添加が不可欠で低床肥料をやや少なめに与えたほうがよい。

形状	有茎型	分布	東南アジア		
光量	やや強め	pH	6 前後	CO₂	必要
水温(度)	25 前後	対象	中級者〜		

ニードルリーフルドウィジア

Ludwigia arcuata

形状	有茎型	分布	北米		
光量	強め	pH	6 前後	CO₂	必要
水温(度)	20 〜 25	対象	初心者〜		

弱軟水を好む水草で育成は容易。初心者にも向いている。強めの照明が必要となり、照明が弱い場合には葉と葉の間隔が広くなってしまい、見ばえが悪くなる。

ラージパールグラス

Micranthemum umbrosum

形状	有茎型	分布	北中米		
光量	やや強め	pH	5〜8	CO₂	必要
水温(度)	25 前後	対象	中級者〜		

水平方向へ広がっていくランナータイプの水草で、レイアウト水槽での使い勝手はよい。肥料は特別必要としないが、CO₂の添加を行ったほうが美しく生長する。

ミリオフィラム・マトグロッセンセ"グリーン"

Myriophyllum mattogrossense var."green"

原種の葉は薄い赤色に染まるが、本種は緑の単色である。育成自体はさほどむずかしくなく、大磯砂などでも育成可能であるが、茎が折れやすいので植え込みには注意が必要。

形状	有茎型	分布	南米		
光量	普通	pH	6前後	CO_2	要
水温(度)	25前後	対象	初心者〜		

ロタラ・マクランドラ

Rotala macrandora

形状	有茎型	分布	インド		
光量	強め	pH	6前後	CO_2	必要
水温(度)	20〜25	対象	上級者		

「レッドリーフバコパ」とも呼ばれる非常に美しい水草だが、育成は比較的むずかしい。CO_2は必ず添加するようにし、植え込みの間隔は2cm以上あけるようにする。

ロタラ・ロトンジフォリア"グリーン"

Rotala rotundifolia var."green"

形状	有茎型	分布	東南アジア		
光量	普通	pH	6前後	CO_2	不要
水温(度)	20〜25	対象	初心者〜		

本来葉に赤みを帯びるが、改良によって緑のみに固定された種。丈夫な種で初心者にも育成できるが、照明が弱すぎると水上葉から水中葉への切りかえがうまくいかない場合がある。

アラグアイアミズマツバ

Rotala sp."ARAGUAIA"

形状	有茎型	分布	南米		
光量	やや強め	pH	6前後	CO_2	必要
水温(度)	20〜25	対象	中級者〜		

ロタラの仲間でも人気は高いが、流通量は多くない。細長い葉が密生していることが魅力であるが、これを維持するにはCO_2の添加が不可欠で、照明も強めにしておく必要がある。

アヌビアス・ナナ

Anubias barteri var. nana

非常に人気が高く、流通量も多い種。流木や岩などに活着させたほうがよく、このような状態でも販売されている。生長がおそいためにコケが葉についてしまうことがあるので注意が必要。

形状	ロゼット型	分布	カメルーン		
光量	普通	pH	5〜8	CO₂	不要
水温(度)	25 前後	対象	初心者〜		

ラッフルソードプラント

Echinodorus martii

本種の育成はアマゾンソードプラントに順ずるが、本種のほうが1株あたりでも大きく生長し、葉長も30cmを超えるために、深さが45cm以上ある水槽で育成するほうが望ましい。

形状	ロゼット型	分布	ブラジル		
光量	普通	pH	6 前後	CO₂	要
水温(度)	20〜25	対象	初心者〜		

アマゾンソードプラント

Echinodorus amazonicus

エキノドルス属の中では最もポピュラー。ほとんどのものが水上葉で販売されているため、水槽に植えてから一度枯れてしまうことがあるが、たいていの場合はその後水中葉の新芽を出す。

形状	ロゼット型	分布	ブラジル		
光量	普通	pH	6 前後	CO₂	要
水温(度)	25 前後	対象	初心者〜		

ブリクサ・"ショートリーフ"

Blyxa novoguineensis

液体肥料を与えるとコケにおおわれてしまうことがあるので低床肥料を少なめに与えるとよい。CO₂の添加を行うと美しく育つ。あまり大きくならないため、中景の水草として配置できる。

形状	無茎型	分布	パプアニューギニア		
光量	強め	pH	7 前後	CO₂	必要
水温(度)	18〜25	対象	中級者〜		

クリプトコリネ・ウェンドティ・"グリーン"

Cryptocoryne wendtii var. "green"

比較的こぢんまりとした水草で、小型の水槽でも十分に育成できる。特に CO_2 なども必要ないので、初心者にも向いている。本種のほかにも「ブラウン」「レッドミオヤ」と呼ばれる改良品種もある。

形状	ロゼット型	分布	スリランカ		
光量	普通	pH	5〜8	CO₂	不要
水温(度)	25 前後	対象	初心者〜		

マダガスカルレースプラント

Aponogeton madagascariensis

レース状の葉を大きく生長させる種で、独特の魅力を持つ。球根のような状態で販売されていることもあるが、想像以上に大きく生長するため、ほかの水草とは離して植えたほうがよい。

形状	ロゼット型	分布	マダガスカル		
光量	普通	pH	6 前後	CO₂	必要
水温(度)	20〜25	対象	中級者〜		

コークスクリューバリスネリア

Vallisneria americana

非常に丈夫で育成しやすい水草。低水温にも強いため、金魚などを飼育している水槽にも向いている。ただし生長が早く水面をおおってしまうため、頻繁なトリミングが必要。

形状	ロゼット型	分布	アジア		
光量	普通	pH	5〜8	CO₂	不要
水温(度)	18〜25	対象	初心者〜		

バリスネリア・スピラリス

Vallisneria spiralis

環境がととのえば非常に早く生長し、ランナーによって容易にふえる。特別なテクニックや器具を使用しなくても十分に育成することができ、どちらかというとトリミングがたいへんなくらいだ。

形状	ロゼット型	分布	アジア		
光量	普通	pH	5〜8	CO₂	不要
水温(度)	18〜25	対象	初心者〜		

ピグミーマッシュルーム

Hydrocotyle verticillata

背丈の低いかわいい水草だが、強い照明と CO_2 添加が不可欠である。底床肥料も与えたほうがよいが与えすぎると枯れてしまうことがあるので、規定量の半分程度が目安となる。

形状	その他	分布	北米		
光量	強め	pH	6 前後	CO₂	必要
水温(度)	10 〜 25	対象	中級者〜		

ヘアーグラス

Eleocharis acicularis

あまり大きく生長しないため、前景草として人気が高い。植え込みには根気を要するが、生長が始まればランナーを伸ばしてふえていく。またリシアに植え込むと簡単に育成できる。

形状	その他	分布	広域分布種		
光量	やや強め	pH	6 前後	CO₂	必要
水温(度)	18 〜 25	対象	初心者〜		

グロッソスティグマ

Glossostigma elatinoides

通常は 5 ㎝以上には生長しないため、前景用の水草として植えられることが多いが、育成させるのは非常にむずかしい。照明を強く保ち、CO_2 を添加することが本種の育成には不可欠だ。

形状	その他	分布	ニュージーランド		
光量	強め	pH	6 前後	CO₂	必要
水温(度)	20 〜 25	対象	上級者		

コブラグラス

Lilaeopsis novaezelandiae

カーブした葉の形からこの呼び名がある。生長はおそく、あまり広がらないため中景での部分的な使用が効果的。生長のおそい水草は植え込み後は、あまり植えかえないほうがよい。

形状	その他	分布	ニュージーランド		
光量	やや強め	pH	6 前後	CO₂	必要
水温(度)	18 〜 25	対象	中級者〜		

水草

ミクロソリュウム

Microsorium pteropus

「ウォーターファン」と呼ばれる水生シダの中でも、水質変化に順応性がある種。やや高水温に弱いが、初心者にも簡単に育成できる。流木や岩に活着させたものも販売されている。

形状	その他	分布	東南アジア		
光量	普通	pH	6前後	CO$_2$	不要
水温(度)	20 ～ 25	対象	初心者～		

アメリカンウォータースプライト

Ceratopteris thalictroides

非常に生長が早く、CO$_2$ も添加する必要がなく、初心者でも育成が容易な種である。水中葉は水上葉にくらべて、よりこまかく枝分かれし、色も美しいライトグリーンになる。

形状	その他	分布	広域分布種		
光量	普通	pH	6前後	CO$_2$	不要
水温(度)	25 前後	対象	初心者～		

ミクロソリュウム・"ウィンディロープ"

Microsorium pteropus var. "windelov"

ミクロソリュウムの改良品種で育成に関しては同じと考えてよい。こまかく枝分かれする葉が特徴的で美しい。本種は薄緑色をしたやわらかい水中葉のものが販売されていることが多い。

形状	その他	分布	改良品種		
光量	普通	pH	6前後	CO$_2$	不要
水温(度)	20 ～ 25	対象	初心者～		

タイガーロータス

Nymphaea lotus

熱帯スイレンの仲間で、肥料の添加などでよく育った葉は高さ 20cm にもなる。育ちすぎた葉はほかの水草の生長をじゃましてしまうが、水槽レイアウトとしては存在感のあるいい主草となる。

形状	その他	分布	アフリカ熱帯域		
光量	強め	pH	6前後	CO$_2$	必要
水温(度)	18 ～ 25	対象	中級者～		

バナナプラント

Nymphoides aquatica

厳しい環境を乗り越えるための殖芽を持ち、これの形から本種の通称名があるが、毒があるといわれており、食べることはできない。照明が強ければ育成は初心者にも容易である。

形状	その他	分布	北中南米		
光量	やや強め	pH	6前後	CO₂	要
水温(度)	18〜25	対象	初心者〜		

ウィローモス

Taxipyllum sp.

流木や石などに活着させることで水槽レイアウトの幅を広げられる。光をよく当てると緑の濃い葉が伸びる。逆に光が弱いと、くすんだ緑色になってしまう。肥料は液体のものを使うとよい。

形状	コケ型	分布	アジア		
光量	やや強め	pH	6前後	CO₂	必要
水温(度)	20〜25	対象	初心者〜		

南米ウィローモス

Vesicularia amphibola

デルタ形に生長していく美しい水生のコケの仲間。美しく生長させるには液体肥料とCO₂の添加が不可欠で、照明も強めのほうがよい。テラリウムで育成しても十分に楽しめる。

形状	コケ型	分布	ブラジル		
光量	やや強め	pH	6前後	CO₂	必要
水温(度)	20〜25	対象	中級者〜		

リシア

Riccia fluitans

本来は水面に浮いている植物で、水中で育成させるにはメッシュネットなどを用いて強制的に沈める必要がある。強めの照明とCO₂の添加が不可欠で、飼育初期は水面で育成させたほうが簡単。

形状	コケ型	分布	広域分布種		
光量	強め	pH	6前後	CO₂	必要
水温(度)	18〜25	対象	中級者〜		

熱帯魚と
器具の選び方

アクアライフの第一条件は、健康な熱帯魚選びと
熱帯魚に合った水槽設備選びに尽きる。
正しい選び方やチェックポイントを紹介しよう。

熱帯魚の選び方

アクアライフのスタートは情報収集から

一見簡単そうな熱帯魚の世界だが、水槽や器具そして魚の量や性格など、知らなければならないことがたくさんある。楽しいアクアライフを送るためにもしっかりとした基本知識を身につけよう。

どんなイメージの水槽にしたいかを明確にする

まず、最初にどんなことを重視して熱帯魚を飼うのかを明確にすることがたいせつである。「水草や流木を配置して、風景の一部として飼いたい」や、「ブリーディングを楽しみたい」「アロワナを飼ってみたい」など、イメージによっておのずと飼いたい魚の種類がはっきりしてくる。途中で後悔しないためにも、自分のイメージをはっきりとさせておこう。

次に水量（水槽の大きさ）と魚の数と水質の問題だ。この三者のバランスがうまくとれなければ、どんなに高価な設備を用意しても、魚を飼育できる環境にはならない。そのためにも、自分のイメージと魚を飼う環境が一致するかどうかをしっかりと調べよう。このとき、「この環境でも飼えなくはない」というレベルなら、あきらめること。相手は生き物、無理は禁物だ。

足しげくショップに通い、魚の様子を観察しよう

初心者がいいアクアライフを送るためには、器具や魚、飼育方法についての専門知識があり、きちんとしたアドバイスをしてくれるショップを見つけられるかどうかがポイントだ。もし身近に愛好家がいるなら、その人に聞くのがいちばんいい。もしいない場合には、専門誌などで紹介されているショップを幾つか回って、雰囲気やスタッフの対応、品ぞろえなど、安心して長くつきあえるショップをさがそう。

また、自分が飼おうと思っている魚の観察をしておくことも忘れずに。観察するポイントとしては①泳ぎ方、②体表やヒレ、③目やエラ、④姿の4つ。これに注意してじっくりと観察してみると、元気な魚が見えてくるはずだ。

買ってはいけない熱帯魚とは…

- ●落ち着きなく泳いでいる
- ●水面でパクパクしている
- ●動作がのろく、群れの動きについていけない
- ●背や腹が目立ってやせている
- ●腹が極端にふくれている
- ●不自然な姿勢で泳いでいる
- ●不自然な場所にいる
- ●入荷直後の熱帯魚

このような状態の魚はどこかに異常がある場合が多い。ただ、種類によって見るポイントが異なるので、飼いたい魚はふだんからよく見て観察眼を養っておこう。

種類別熱帯魚の選び方

メダカの仲間

卵胎生のメダカの仲間は比較的丈夫でビギナー向き。ペアで飼うと交尾してどんどんふえるので、繁殖が楽しめるのも魅力だ。グッピーの場合、飼育しやすさを重視するなら外国産よりも国産のほうがおすすめ。また、輸入直後のメダカの仲間は、疲れや水質の変化によって体調をくずしている個体もいるため、ヒレをしっかり伸ばして活発に泳いでいる個体を選ぶようにしたい。

カラシンの仲間

群泳させることで美しさが増す仲間なので、状態のよい魚を5～10匹程度まとめて買いたい。ただ、ネオンテトラやカージナルテトラは水質変化に弱く、輸送直後は状態を落としている個体もあるので、しっかりと店員に確認してから購入するようにしよう。

シクリッドの仲間

長年繁殖がつづけられていることによる体形の異常などが見られることもあるので、できるだけしっかりとした体形の個体を選ぶようにしよう。また、ショップの水槽内でけんかなどをしてスレ傷を負っている個体もあるので、体表の異常なども十分チェックして購入するようにしよう。

アナバスの仲間

繁殖行動がユニークな仲間なので、ペアで飼育して繁殖を楽しみたい。水槽のサイズにもよるが、パールグラミーなら雌雄とりまぜて10匹ぐらいが適当。ベタの場合は雄どうしがはげしく闘うので、雄は1匹ずつしか飼えない。もしペアをつくりたいなら雌を何匹か購入して、1匹ずついっしょにして相性のいいものを選ぶようにする。

コイ・ドジョウの仲間

若くて状態のいい魚を15～20匹程度の群れで買うとよい。ただし、ラスボラやプンティウスは白点病にかかっていることがあるので、購入時には十分に体表を観察してからにしたい。ドジョウの仲間は、砂の中にもぐることからスレ傷を負っている個体が多く、それが原因で二次感染を起こしている場合が多いので、注意が必要だ。

ナマズの仲間

病気にかかった場合、薬品を使用した治療がむずかしいので、入荷直後の個体は避けるようにする。わからない場合は、店員にアドバイスしてもらうようにしよう。プレコの仲間はやせていても気づかないことが多いが、あまりにもおなかがぺっこりとへこんでいる個体は避けたほうがよい。コリドラスの繁殖を楽しみたいのなら、雌雄とりまぜて5～10匹買い、専用の水槽で飼うようにするとよい。

古代魚の仲間

幼魚は小さくても大きく成長する魚が多いので、成魚になった姿を想像して買うことがたいせつ。基本的に野生由来の個体が多く、寄生虫症に感染している個体もあるので、体表の異常には十分に気をつけたい。早いものは1年で50cmにもなるという成長ぶりを楽しむことができる。

その他の魚

特殊な環境に生息している種も多いので、まずは事前にその種についてよく調べてから購入を考えるようにしたい。また、購入時においても、店員に水質や水温についてもよく話を聞き、個体のよしあしについても最初は店員に選んでもらったほうがよいだろう。

STAGE 2

混泳に向く熱帯魚

それぞれの特性を知って混泳を楽しもう

作りたいアクアリウムのイメージが固まったら、次は飼育する魚選び。1種類の魚しか飼わないのであれば問題はないが、数種類の魚を混泳させたいなら組み合わせを考えなければならない。

混泳を考えるなら、まずそれぞれの特性を知ることがたいせつ

　いざ熱帯魚を飼い始めると、いろいろな種類の魚を飼ってみたくなるだろう。

　だが、一口に熱帯魚といっても、おだやかな魚や攻撃性の強い魚など、性格はさまざま。

　もちろん肉食魚と小さな魚のような組み合わせを考える人は少ないだろう。

　しかし、ベタなどは、ほかの種類の魚には無関心だが、同種同性の魚には攻撃的になるなど、似たような大きさで、似たような性格の魚どうしであっても、同じ水槽で飼育するのには適さないものがいるので要注意だ。

　また、エンゼルフィッシュなどは混泳させたい魚の上位に入るが、成長するとそれなりに大きくなるので、幼魚でも小さな魚との組み合わせは配慮が必要だ。

初心者でも、色とりどりの熱帯魚を混泳させてみたいのは当然。

混泳させたい熱帯魚の組み合わせ

	グッピー	アフリカンランプアイ	ネオンテトラ	エンゼルフィッシュ	ディスカス	パピリオクロミス・ラミレジィ	ラスボラ・ヘテロモルファ	スマトラ	ドワーフグラミー	コリドラス・パレアタス	セルフィンプレコ	トランスルーセントグラスキャットフィッシュ	タイガーシャベルノーズキャットフィッシュ	ネオンドワーフレインボーフィッシュ	シルバーアロワナ
グッピー	◎														
アフリカンランプアイ	◎	◎													
ネオンテトラ	◎	◎	◎												
エンゼルフィッシュ	△	×	△	○											
ディスカス	△	×	△	○	○										
パピリオクロミス・ラミレジィ	△	△	△	○	△	○									
ラスボラ・ヘテロモルファ	○	◎	◎	△	△	○	◎								
スマトラ	×	○	◎	×	△	○	◎	◎							
ドワーフグラミー	○	○	○	○	○	○	◎	△	◎						
コリドラス・パレアタス	◎	○	◎	○	○	○	◎	○	◎	◎					
セルフィンプレコ	○	○	○	△	△	○	○	○	○	△	◎				
トランスルーセントグラスキャットフィッシュ	◎	○	○	△	△	○	○	○	◎	○	◎	◎			
タイガーシャベルノーズキャットフィッシュ	×	×	×	×	△	×	×	×	×	×	×	×	○		
ネオンドワーフレインボーフィッシュ	○	○	○	△	△	○	○	○	○	○	○	○	×	◎	
シルバーアロワナ	×	×	×	×	△	×	×	×	×	×	△	×	○	×	×

※これは目安。魚の成長過程にもよるので、くわしくはそのつどショップで確認しよう。

悩む前にショップで相談してみよう

　肉食性の魚、攻撃性のある魚、ウロコを食べる魚、ヒレをつつく魚など、熱帯魚の性格はさまざま。これら熱帯魚どうしの関係だけでなく、水草をいっしょに楽しみたい場合は草食性ではないかなども考えに入れておかなければならない。

　また、性格だけでなく、魚が好む環境によっても混泳できるかどうかが変わってくるので、買う前には必ずショップで相談に乗ってもらうようにしたい。

　しかし、万全を期して選んでもうまくいかないこともある。その場合には予備の水槽を用意し、ひどく追い回される魚や傷ついた魚がいたら避難させることをおすすめする。

混泳に向く魚

魚は同じくらいの サイズを目安に

　一般的には、同じくらいのサイズをいっしょに飼育するのが基本。あまりサイズの違う魚を混泳させるのはタブーと考えていいだろう。ただし小さな魚でも攻撃的なものもいるし、大きな魚でもおだやかな性格のものがいるので要注意だ。

　どこのペットショップでも見られるようなネオンテトラやプラティ、グッピーなどの一般的な魚種には、混泳に向いているものが多い。

　混泳に向いているかいないかを見きわめる基本的な目安は、その食性である。

　プランクトンを食べる種は、群れで常に移動しながら捕食をするため、テリトリーを持たないので、混泳に向いているといえ る。人工飼料のフレークフードを食べるような種がこれにあたる。

　草食性や魚食性のもの、また、底に沈むエサを食べるものはなわ張り意識が強いので、基本的に混泳に向かないと考えてよい。ただし、その種ごとの特性があるので、わからない場合は店員に聞いてみるとよいだろう。

気性の荒い魚も 混泳には不向き

　コイの仲間も、小型のものは温和で混泳に適しているものが多い。ただし、小型の魚の中には好奇心旺盛で、ほかの魚に危害を加えるものも多いので要注意だ。

　シクリッドの仲間は協調性に欠けるものが多く、ベテランでも組み合わせに苦労するほど。混泳させるのであればショップで

水槽の掃除をしてくれる生き物

　熱帯魚を飼い始めて頭を痛めるのが、コケの発生。それを遅らせてくれる代表が、オトシンクルス、ヤマトヌマエビ、イシマキガイだ。オトシンクルス、イシマキガイは水槽のガラス面についたコケを、ヤマトヌマエビは石や流木についた糸状のコケを食べてくれる。

　いずれも性格はおとなしく、ほかの魚や水草に害を与えることは少ない。

　目安は、水草を多めに植えた60cmの水槽なら、オトシンクルスを5〜10匹、ヤマトヌマエビを10匹ぐらい。イシマキガイは3個入れれば十分だ。ただし、いずれも大型魚のエサになってしまうので、小型魚種を飼育している水槽にしか使えない。また、すべてのコケを食べてくれるわけではないので、定期的な水槽の掃除は不可欠であることをお忘れなく。

◆オトシンクルス

◆ヤマトヌマエビ

ビギナーのための混泳モデル

グラミー

小型カラシン

コリドラス

プラティ

よく相談してから購入するのが無難だ。

　アナバスの仲間はベタのように闘争心が強く、同じ種を攻撃するような魚もいれば、チョコレートグラミーのように憶病すぎる性格の魚もいてユニークだ。

　また、小型のレインボーフィッシュの仲間は、水質さえ合えば混泳に適した魚が多いのでおすすめだ。

●魚別の特徴

メダカ	グッピーの仲間、プラティの仲間 ソードテールの仲間 アフリカンランプアイ	グッピーやプラティの仲間は、混泳には向いているといえるが、セルフィンモーリーなどは小型の魚種をつつくことがある。
カラシン	ネオンテトラ、レモンテトラ ペンギンテトラ、プリステラ ペンシルフィッシュ	小型のカラシンは、協調性を持ち合わせている種が多いが、大型のものには魚食性のものも多いので注意が必要だ。
アナバス	ドワーフグラミー、マーブルグラミー スリーストライプドクローキンググラミー チョコレートグラミー	基本的に混泳させやすいグループだが、雑食性が強いため、1〜2cm程度の魚の場合は食べられてしまうこともある。
シクリッド	エンゼルフィッシュ、セベラム パピリオクロミス・ラミレジィ ゴールデンゼブラシクリッド	テリトリーを持つ種が多く混泳がむずかしいグループ。混泳させる場合には大きめの水槽でシェルターなどを多く設ける。
コイ・ドジョウ	パールダニオ、チェリーバルブ ラスボラ・ヘテロモルファ	協調性にすぐれた種が多いが、スマトラのようにほかの魚のヒレをかじったり、攻撃性の強い種もあるので注意したい。
ナマズ	オトシンクルス インペリアルゼブラプレコ コリドラス・パレアタス アルビノコリドラス	コリドラスや小型のプレコなどは比較的混泳させやすいが、中・大型のナマズには魚食性の種が多く、混泳がむずかしい。
その他の魚	ニューギニアレインボーフィッシュ ネオンドワーフレインボーフィッシュ カラーラージグラスフィッシュ バンブルビーフィッシュ	独特の性質を持っている種が多いので、目的の種の性格や適正水質について下調べしてから購入するほうがよい。

混泳に向かない魚

熱帯魚の中には混泳に適さない種類も数多くいる

　色や姿の美しさが魅力の熱帯魚。だが初心者は気をつけないと、つい見た目を優先してあれこれ混泳させてしまい、とり返しのつかないことになってしまうので十分注意してもらいたい。基本的に魚食魚や大型の魚、またほかの熱帯魚をつつくなど危害を加える魚は、混泳には適さない。

　肉食魚の代表格としてだれもが思い浮かべるのがカラシンの仲間であるピラニア・ナッテリー。人工飼料にも慣れるので飼育は比較的簡単だが、ほかの魚を食べてしまうし、成長すると30㎝ほどになるので、混泳はできない。また、モンクホーシャなどはヒレをかじったり、水草を食べてしまうので、ヒレの長い魚との混泳や水草を楽しみたい人はやめたほうがいい。

　また、一部の魚種は魚のウロコだけを常食としていたり、特殊な生態や特色を持った種もあるので、注意が必要だ。

混泳を避けたい魚

理由		魚の種類
捕食性がある	捕食性のある魚種は当然それらの魚と同等以下のサイズの魚種とは混泳させることはむずかしい。また、雑食性の魚種には魚も食べてしまう種もいるので注意が必要だ。	レッドテールキャットフィッシュ ピラニア・ナッテリー リーフフィッシュ アリゲーターガー オスカー アイスポットシクリッド
闘争する	基本的にはテリトリーを持つ種は闘争すると考えてよい。そのテリトリーの目的によって闘争する相手が異なり、ベタなどの繁殖を目的としたテリトリーの場合は同種の雄どうしといった相手が限定される場合が多いが、雑食性のシクリッドのように主としてエサの確保を目的としたテリトリーの場合は闘争相手を選ばない傾向がある。	ベタ フラワーホーン ジャックデンプシー スキアエノクロミス・フライエリィ（アーリー） フロントーサ エレファントノーズ
その他	魚種の中には食性がユニークな魚がいる。ロイヤルプレコのようにほかの魚の体表をなめるといった食性によって混泳のむずかしい魚種もいる。小型の魚種でもスマトラのように好奇心旺盛なためにほかの魚のヒレなどをついばむものもある。淡水に生息するエイなどは動きがおそいためにほかの魚につつかれてしまうといったこともあるので、その魚種の特性について十分に知っておく必要がある。	モトロ マンチャデオーロ ロイヤルプレコ クーリーローチ

混泳に向かない
熱帯魚を入れると
どうなるの？

①ヒレや尾をかじる
②動きがおそい魚は
　つつかれる

攻撃性のある魚は
組み合わせに注意する

　小型のコイの仲間にもスマトラなど、好奇心旺盛でほかの魚にちょっかいを出すものが存在するので、注意が必要だ。

　シクリッドの仲間は全体的に協調性に欠けるものが多いので、混泳を望むなら十分に検討してからにしたい。

　また、愛嬌があって人気のあるオスカーやアイスポットシクリッドは成魚が 30㎝ほどになるので、特に混泳には十分気をつけたい。

　コリドラスやプレコを除く中・大型ナマズは、魚食性のものがほとんどなので、同じくらいのサイズの魚食魚以外との混泳はむずかしい。また、小型のナマズの中にも気性が荒いものもいるので注意が必要だ。

水槽と器具の選び方

アクアライフはよい器具選びから

「魚を飼うのは水を飼うこと」といわれるくらい、熱帯魚の飼育に関しては水質管理が重要だ。それだけに水槽や周辺器具選びはたいせつ。理想のアクアリウムを実現するためにも、よい飼育器具を選ぼう。

水槽

最初が肝心。できるだけ目的に合ったものを選ぶようにしよう

水槽は部屋において毎日ながめるものだから、アクアライフを決定する最も重要な器具といっても過言ではない。財布とスペースが許す限り、できるだけよいものを選ぶようにしよう。

水槽にはガラス、アクリル、プラスチックの3種類がある。ガラスは今、最も普及しているタイプで、安価できずがつきにくいので、初心者にはこのガラス水槽がおすすめだ。

アクリルはガラスよりも加工しやすいため、自分のほしい形や大きさのものを注文できるのが魅力。ガラスよりも透明度は高いが、やわらかく、きずがつきやすい。

プラスチック水槽は塩化ビニール系の透明樹脂でできた小型水槽で、最大でも50cmといったところ。透明度が悪くきずがつきやすいので、観賞用としては不向きである。しかし、魚が病気にかかったときの治療用や、繁殖のときの産卵、また、ほかの魚に攻撃され弱ってしまったときの一時的な避難場所としての予備用容器として重宝する。

初心者向きなら30cmのガラス水槽がおすすめ

水質管理だけを考えたら、水量が多いほうが安定するので、魚の飼育は楽になる。しかし、スペースやお金の問題だけでなく、水換えなどのメンテナンスがたいへんになってしまう。

初心者が諸作業をこなすためのサイズの上限は、①からの状態で1人で運べること、②設置した状態で水槽内のすべての場所に手が届く、という2点が目安になる。それで考えると最大でも90cm。もちろん、水槽が大きくなるにしたがって値段も高くなる。コストパフォーマンスと水質管理を考え合わせると、初心者にとってはガラスの60cmの水槽がおすすめといえるだろう。

水槽のサイズと重さの関係

水槽サイズ(mm)	水容量(ℓ)	総重量(kg)
359 × 220 × 262	20	21
450 × 295 × 300	35	36
600 × 295 × 360	57	60
600 × 450 × 450	105	110
900 × 450 × 450	157	167
1200 × 450 × 480	220	235
1200 × 450 × 600	345	375

※水槽サイズは幅×奥行き×高さ

水槽器具基本 10 点セット

ウールマット

フィルター

コンディショナー

ろ材

アクセサリー

底床

水槽

照明器具

エアポンプ

ヒーターと
サーモスタット

人気急上昇 セット水槽

最近では、最低限必要な器具がそろったセット水槽が人気。器具を個別に買うよりも安く、サイズや規格が違うといったまちがいもないので、器具を選んだりそろえたりするのがめんどうだ、とにかくすぐに始めたいという人におすすめだ。

60㎝の曲げガラス水槽と、熱帯魚飼育に必要な器材にLEDの照明をセットに。106 熱帯魚β LED Edition ／（株）マルカンニッソー事業部

フィルター

役に立つバクテリアを
ふやすことがたいせつ

フィルターは水をろ過してきれいにする器具のことだが、その目的は大きく2つに分かれる。

ひとつは、魚の排泄物の中で特に有害な物質であるアンモニアを、フィルターのろ材の中で繁殖したバクテリアの働きによって毒性の低い物質に変える生物ろ過、もう一つは、水といっしょに吸い込んだゴミを物理的にこしとる物理ろ過だ。

このバクテリアは好気性で、酸素が豊富な場所や水の通りのよい場所を好むため、①こまかいすき間が無数にあり、目詰まりしにくい、②フィルターの中を効率よく水が流れる、の二つの条件をクリアするものがいいフィルターといえる。

物理ろ過は綿などで大きなゴミをこしとるタイプが代表的だが、良質の活性炭などを複合的に用いた小型水槽用の使い捨てカートリッジ式のフィルターもあり、初心者には便利だ。

F I L T E R

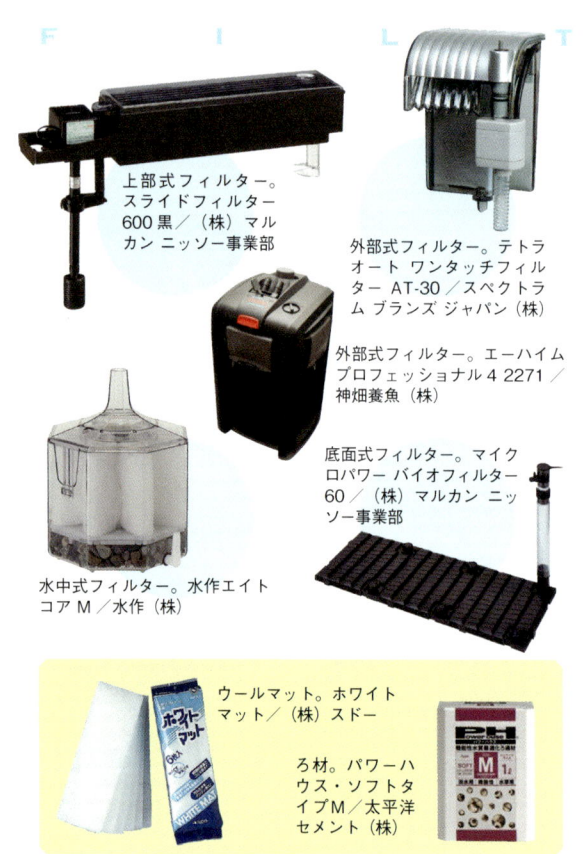

上部式フィルター。スライドフィルター600黒／（株）マルカン ニッソー事業部

外部式フィルター。テトラ オート ワンタッチフィルター AT-30／スペクトラム ブランズ ジャパン（株）

外部式フィルター。エーハイム プロフェッショナル4 2271／神畑養魚（株）

底面式フィルター。マイクロパワー バイオフィルター60／（株）マルカン ニッソー事業部

水中式フィルター。水作エイト コア M／水作（株）

ウールマット。ホワイトマット／（株）スドー

ろ材。パワーハウス・ソフトタイプM／太平洋セメント（株）

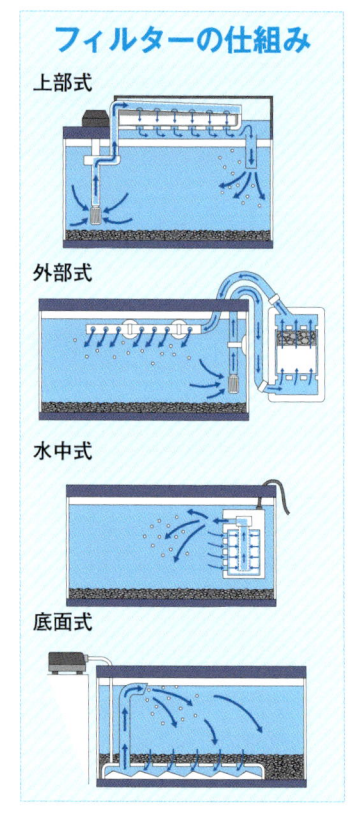

フィルターの仕組み

上部式

外部式

水中式

底面式

ヒーター

熱帯魚飼育の必需品

　水槽用のヒーターは石英やセラミックの中に入っていて、直接水の中に入れるものが基本的だ。そのため、大型魚が暴れてヒーターを壊したり、接触してやけどすることがある。そんな事故を防ぐためにも、ヒーター・カバーもいっしょに買うことをおすすめしたい。

　表にあるように、ヒーターのワット数は水槽の大きさに比例して高いものを選ばなければならない。

　このとき、仮に200Wのヒーターが必要ならば、100Wヒーターを2本入れるようにしよう。そうすれば万が一、片方のヒーターが壊れた場合も、ある程度水温はあたたかく保たれるので、安全性が高くなる。

　温度を設定するサーモスタットについて

は、最近は電子式サーモスタットが主流。センサーが水温を感知してくれ、メモリ操作だけで温度設定が簡単にできる。

　また、ICオートヒーターはサーモスタットとヒーターが一体型になっており、初心者、上級者ともに水温管理の強い味方だ。

　あと、忘れてはいけないのが水温計。万が一、ヒーターが壊れてしまったときのために、水温は水温計で毎日確かめたい。

水槽のサイズとヒーターの目安

水槽サイズ(mm)	水容量(ℓ)	ヒーター(W)
359 × 220 × 262	20	75
450 × 295 × 300	35	100
600 × 295 × 360	57	150
600 × 450 × 450	105	200
900 × 450 × 450	157	300
1200 × 450 × 480	220	500
1200 × 450 × 600	345	1000

※水槽サイズは幅×奥行き×高さ

小型水棲生物の保温に適したヒーター。アクアパネルヒーター 12W ／水作（株）

サーモスタット＆ヒーター一体型。NEW プロテクトIC オート 200W ／（株）マルカン ニッソー事業部

IC サーモスタット。シーパレックス 300NEO ／（株）マルカン ニッソー事業部

IC サーモスタット＆ヒーターセット。オートヒーターダイアルブリッジ R150AF ／（株）エヴァリス

照明

水草を植えるならできるだけ
その特性に合わせた
明るい照明を選ぶ

　熱帯魚自体には必ずしも照明が必要とい
うわけではない。だが、水槽や熱帯魚を美
しく楽しむには、その熱帯魚に合わせた照
明が必要になる。また、水草は光がなけれ
ば光合成ができずに枯れてしまうので、水
草の育成を考えているなら、水草育成用の
照明をおすすめしたい。

　照明は大きく分けて蛍光灯とLED（発光
ダイオード）がある。蛍光灯は昔からの定番
で、次の2種類のものが一般的に使われる。
①普通のランプより明るく感じる、長短複数
の波長の光を出す高演色3波昼光色ランプ。
②水草の光合成の適した波長の光を出す水
草育成用ランプ。植物育成用ランプは光合
成に適しているものの、光が偏っているの
で、通常はほかの明るいランプと組み合わ
せて使う。また、赤色をした水草の育成に
は適していないので、注意したい。

　LEDは蛍光灯と比べて電気代が安い、
電球の寿命が長いといったランニングコス
トの面と、光の色が選べるといったインテ
リア性の高さから現在主流となっている。

　それぞれ特徴があるので、自分に合った
照明を選ぶとよいだろう。

　また、肉眼ではあまり感じることはでき
ないが、水槽のガラスは光をかなり吸収す
る。水草をよい状態に保つためにも、こま
めにガラスをふいて、いつもきれいにして
おくようにしたい。

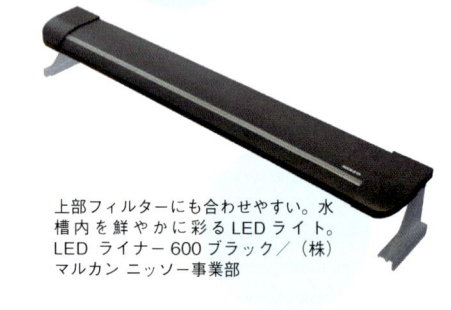

水のきらめきと透明感を演出。PG スーパークリ
ア 600 ／（株）マルカン ニッソー事業部

上部フィルターにも合わせやすい。水
槽内を鮮やかに彩る LED ライト。
LED ライナー 600 ブラック／（株）
マルカン ニッソー事業部

スリム設計の水草・熱帯
魚用ライト。アクシース
ワン LED ／（株）アクア
システム

首振りヘッドでとりつけ
角度が自由自在のＬＥＤ
ライト。エコスポットフ
リー 36 ／寿工芸（株）

水草・熱帯魚用ライト。テトラ LED フラットライ
ト LED-FL ／スペクトラム ブランズ ジャパン(株)

ILLUMINATION

エアポンプ

エアポンプの役割は酸素補給と動力源

　エアポンプは強制的に水槽内に空気を送り込む器具で、主に底面フィルターの動力源となる空気を送るために使われる。もちろん、水中への酸素補給の役割もあるので、飼育する魚が多い場合には使ったほうがよいだろう。

　以前は作動時の音がうるさくて耳ざわりだったが、最近のものは音が静かになってきている。

　また、深さによってポンプの圧力が必要になることもあり、エアポンプを選ぶときには、水槽の深さに合わせるようにする。

水心 SSPP-2 ／水作（株）

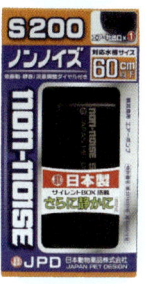

ノンノイズ S-200 ／日本動物薬品（株）

バックスクリーン

アクアリウムを美しく見せる裏ワザグッズ

　せっかく水槽内を美しくレイアウトしても、背景が雑然としていたらせっかくの努力も台なしになってしまう。水槽を壁などにつけておくときは、水槽の裏が見えないように、背面のガラスにバックスクリーンをはると、水槽が引き締まって見える。

　ブラックやブルーなどの単色系から水草レイアウト用までさまざまなものが販売されている。これらを効果的に使えば、気軽に水槽のイメージチェンジをすることも可能だ。

アクアスクリーン／（株）アクアデザインアマノ
※水槽は別売り

フォトスクリーン90
水草（上）３Ｄスクリーンアマゾン600（下）
／寿工芸（株）

底床

底床砂は目に見えない
重要な役割を担っている

　一見何げなく敷かれている底床砂だが、実は魚や水草にとって重要な役割を担っているのだ。水をきれいにする働き、魚を落ち着かせる働き、水草を育成する働き、種類によっては水質を変える働きなど、どれもアクアリウムには欠かすことのできない役割である。現在、多種の砂が市販されているが、特に水草の育成に特化したものが多い。

　熱帯魚の飼育で使用される底床砂の代表的なものは大磯砂だ。大磯砂は粒の大きさが3〜5mmほどのこまかい砂利で、水質変化もほとんどなく、たいていの淡水魚に使用することができる。また、水草の飼育にも適しているので、初心者はこの大磯砂を使用するといいだろう。

　桂砂は観賞魚用として古くから使用されている底砂で、水質に与える影響も少ない。砂自身がかたいため、ろ材としても使用することができ、基本的にはどんな魚にも使用できる、万能の砂といえるだろう。

　また、最近になってセラミック製のものや、樹脂・ガラス製のものなど、多様な砂が市販されるようになった。セラミック製の砂は、色も豊富にそろっているため、好みのアクアリウムに合わせて選ぶことができる。水質には全く影響を与えないものがほとんどなので、安心して使用することができる。

　また、樹脂・ガラス製の砂は装飾用とし

て使用すると、ユニークで華やかな水槽を演出することができる。ただし表面が平滑であるため、底面フィルターなどの上に敷いてろ材として使用することはむずかしい。

　ソイルと呼ばれる、きめのこまかい砂や土のような植物育成用の床底砂も、多種販売されている。水草育成には適しているが、種類によっては使用法や水質に与える影響に差があるため、店員とも相談をし、その用法には十分に注意するようにしたい。

大磯砂。観賞用の砂としては最も使われている。価格も安く、初心者には最適。粒目は3〜5mmで、pHや硬度にあまり影響を与えない。

桂砂。天然の川砂。淡い褐色をしたものや黄土色までさまざま。長期間使用しても水質を変化させない。

セラミック製砂。セラミックでできているので、長期間使用しても砂粒がくずれず、pHや硬度にも影響を与えないのが特徴。

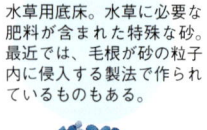

水草用底床。水草に必要な肥料が含まれた特殊な砂。最近では、毛根が砂の粒子内に侵入する製法で作られているものもある。

ガラス製砂。水草生育には適していないが、熱帯魚だけを飼うときなどには、カラフルな水槽作りが楽しめる。

S　A　N　D

アクセサリー

いざというときに困らない便利グッズ

　魚を購入したときや、移しかえる場合には、魚をすくうネットが必要になる。できるだけ目がこまかくてやわらかいものを、魚と水槽に合わせて2～3種類そろえておこう。

　プラケースと呼ばれるプラスチック製の小型容器は、一時的に魚を入れておくときに便利だ。きずつきやすい魚をつかまえるときは、水槽に沈めて網で魚を追い込むようにすると安全につかまえられる。

　飾りとしては、流木や岩などの天然由来のものと、プラスチックやセラミックのものがある。天然のものは水質に対して影響を与えるものもあるので、ショップで販売されているような、専用のものを使用したほうが無難だ。

掃除グッズ

水槽をきれいに保つための必需品

　ガラス面についたコケをとり除くために、少ない力で落とせる専用のスポンジや、手の届かない場所にも届く、柄のついたスポンジなどがある。ただ、アクリル水槽はきずつきやすいので、やわらかい素材のものを選ぶようにしよう。ガラス水槽の落としにくいコケには、プラスチック製のスクレーパーが便利だ。

　底床砂を洗いながら水換えを行うことができる専用のクリーナーも、大磯砂などの目のあらい砂を使用している場合には有効だ。また、水草を多くレイアウトしている場合は、専用のハサミ、ピンセット、トングを用意しておくほうがよい。

流木や石、水草などと調和しやすい色合い。多目的シェルタースクエア／（株）スドー

かやぶき屋根のおうちの水車がクルクル回る。家付水車（小）／（株）スドー

小型魚に最適な穴あきタイプ。魚にやさしい無着色。素焼きの隠れ家シリーズ つぼ小／ジェックス（株）

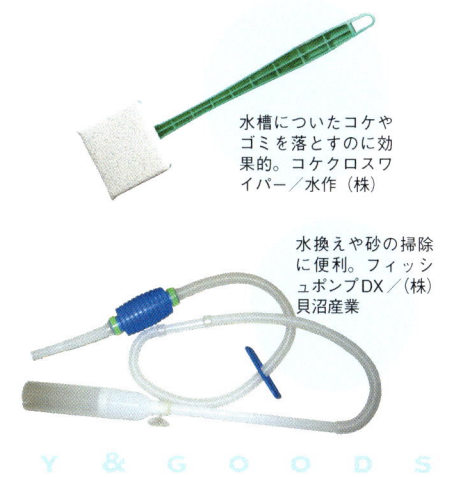

水槽についたコケやゴミを落とすのに効果的。コケクロスワイパー／水作（株）

水換えや砂の掃除に便利。フィッシュポンプDX／（株）貝沼産業

ACCESSORY & GOODS

コンディショナー

じょうずに使って飼育技術を アップさせよう

　コンディショナーとは、水道水を熱帯魚の飼育に適した水質に近づける水質調整剤のこと。水質調整剤と一口にいっても種類はたくさんあるが、最もよく使われるのが水道水に含まれる塩素の中和だ。

　中和剤とは、粒状のものと液体のものがあるが、初心者には液体のもののほうが計量しやすく、向いている。

　ほかに、塩素だけでなくほかの有害物質も処理できる総合水質調整剤も販売されている。

　特殊な水域に生息している魚種や、産卵を促す場合には、水質の調整が必要な場合がある。この場合、pHや硬度を変化させるものを使用するが、それぞれ使用方法が異なるため、説明をよく読んで使用すること。

　さらに、目標とする水質に改善されているかを知るために、テスターで調べることがたいせつだ。特に、pHテスターはリトマス試験紙のようなものや、デジタル表示されるものもあり、比較的簡単に使用することができる。

　また、水質の悪化を確認するにも有効なため、特殊な魚を飼育している場合には、必ず用意して、定期的に計測するようにしたい。

海洋性珪藻土の成分などでろ過、バクテリアを活性化させ、飼育水の劣化を防ぐ。ジクラウォーター熱帯魚用／（有）ジクラ

底床やろ過材に付着して酸化を防ぐ。イオン吸着ろ過材 リバース／（株）ウォーターエンジニアリング

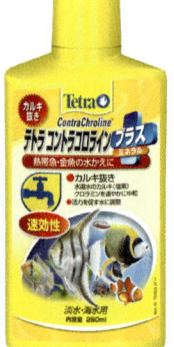

水道水に含まれる塩素を無害化。テトラコントラコロライン プラス／スペクトラム ブランズ ジャパン（株）

きずついた魚の粘膜を保護して、魚を元気に。プロテクトX／（株）キョーリン

1週間で アクアリウム

アクアリウム作りは一朝一夕にはいかない。
十分な下準備がととのって、初めて熱帯魚が生き生きと遊泳できるのだ。
ここでは1週間完全マニュアルを紹介する。

1週間でセットアップ

あせりは禁物！　正しい手順でゆっくりと

いよいよ水槽のセッティング。この基本となる作業をきちっとできるかどうかが、今後のアクアライフを左右するといっても過言ではない。正しい手順でていねいにセッティングしていこう。

水槽の設置場所は十分に考える

　いざ熱帯魚を飼うと決心したら、すぐにでも水槽と熱帯魚を購入したくなるのは当然だ。しかし、実際に購入する前に、準備しなければならないことがある。

　まずは、水槽設置のスペースだ。

　水と砂を入れた水槽はとてつもなく重くなる。60㎝水槽でも、フル装備すると約70kg。大人の男性ほどの重さとなる。これだけのものをのせるのだから、かなりしっかりとした台が必要だ。

　また、ローボードやげた箱など、家具の上にのせる場合、水槽の重みで戸があかなくなることもあるので、よく確かめてからおくようにしたい。

　そして、台の上は完全に平坦にすること。少しでもデコボコがあると、水槽の底が破損して、水漏れの原因になることがある。できれば水槽専用の台を用意したい。

　熱帯魚は水温管理に気をつかう生き物なので、温度変化が少なく、直射日光が当たらないところにおくこと。出窓などにおく場合は、遮光カーテンをして水槽に直接日光が当たらないように工夫する。

　また、1カ月に何回か水換えが必要になることもあるため、水道や下水に近い場所に設置したほうが便利だ。

＼1週間でアクアリスト／
タイムスケジュール
TIME SCHEDULE

1日目
2日目
3日目

水槽のセッティング
※水質調整やバクテリア繁殖のために、2～3日はかかる

4日目
5日目

水草レイアウト
※水草といっても、種類によってはすぐに水中化しない

6日目
7日目

熱帯魚を入れる
※魚がショックを起こさないように、時間をかけて水に慣らす

CHECK POINT!
チェックポイント ……………

- ●しっかりした平坦な場所
- ●直射日光が当たらない場所
- ●振動が少ない場所
- ●水道や下水に近い場所

1～3日
水槽のセッティング

1. 水槽や器材をよく洗う

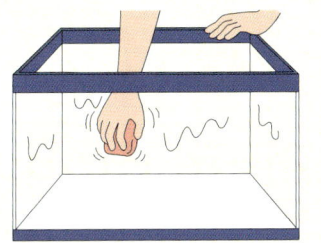

水槽や器材は、ふろ場などできれいに水洗いをする。購入したままの器材にはゴミや汚れが付着しているので、そのまま水を入れないこと。

POINT

水槽などを洗うときは、絶対に洗剤を使わないこと。

2. バックスクリーンをはる

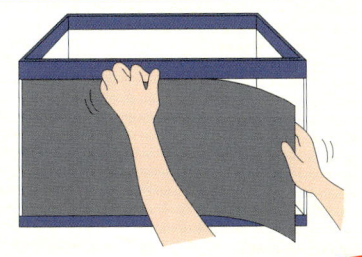

水槽の裏を見せたくない場合や、個性的なアクアリウムを作りたい人は、イメージに合うバックスクリーンをはってセッティングする。

POINT

水槽の下に薄い発泡スチロール板を敷くと、きず防止と保温の効果がある。

3. 砂をよく洗う

大磯砂や五色砂などはバケツで少量ずつ、米をとぐようにしっかりと洗う。サンゴ砂や桂砂などはかきまぜながらゴミを洗い流すようにするとよい。

POINT

ソイルや水草専用の土状のものは、洗うと有効な成分が抜け出してしまうことがあるので、用法を守ること。

4. 砂をセットする

底面式フィルターを使用する場合はまず最初にセッティングし、その上から洗った砂をそっと入れる。

5. 砂底をならす

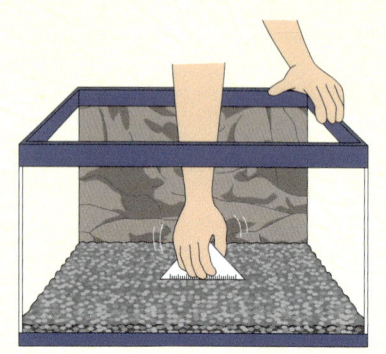

定規などを使い、砂が平らになるようにならす。

6. フィルターをセットする

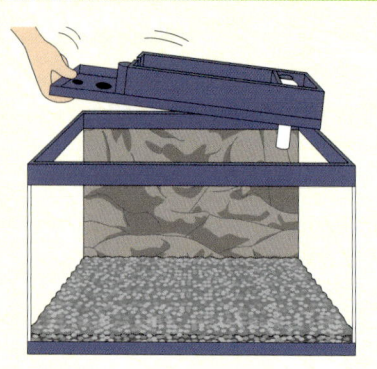

水槽によっては上部フィルターの設置場所が決まっているものもあるので、説明書をよく見てセットする。

POINT

フィルターは形によって、設置方法が異なるので、取扱説明書をよく読んで設置する。

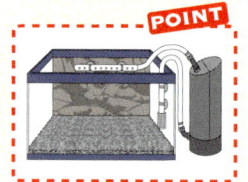

7. ろ材を入れる

ろ材は水でよく洗い、フィルター内にセットする。

8. ウールマットを敷く

ろ材の上にすき間ができないようにウールマットを敷く。

10. ヒーターをセットする

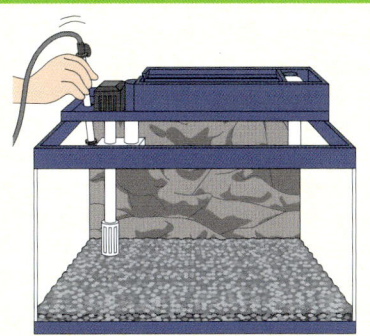

上部式のフィルターの場合、ポンプの横に穴があいているので、そこからヒーターを入れる。まだ電源は入れない。また、サーモスタットのセンサーは、ヒーターからできるだけ離れた、水槽の中層あたりに固定する。

POINT
ヒーターにカバーをつけていない場合は、軽く砂に埋めるようにしてセットする。

9. ポンプをセットする

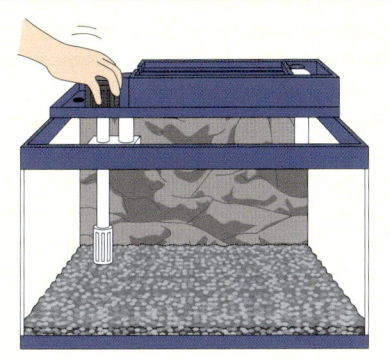

ポンプをセットするときは、水の出口がしっかりとろ過層の中に入っているか確認すること。

11. 温度計をセットする

毎日温度をチェックしなければならないので、温度計は水槽の中ほどの見やすい場所に固定する。

12. アクセサリーをセットする

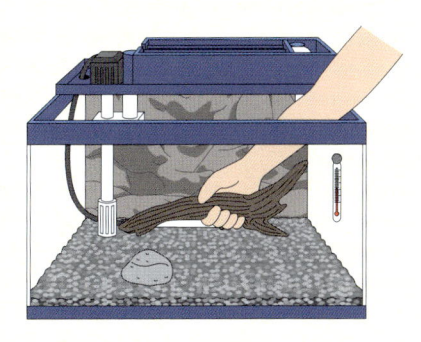

レイアウトを考えて流木や岩などをセットする。このとき、水草を植える位置なども考慮に入れることを忘れずに。

レイアウトテクニック　PART 1

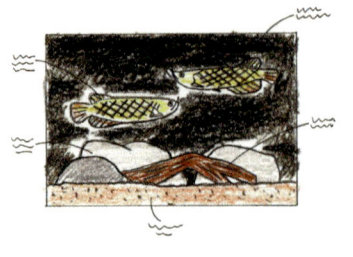

自分の理想とする水槽の　イラストをかいてみよう

　水槽のレイアウトでたいせつなのは、どういう水槽にしたいのかをイメージすること。そのためにも、専門誌にのっている写真やショップのレイアウト水槽などを見て、気に入ったものがあったらそれを記録しておこう。さらに、自分の理想とする水槽のイメージが固まってきたら、へたでもかまわないのでイラストをかいてみる。このとき、全体のイメージ、真上から見た図、だいたいの寸法、植える水草の種類などを記入していくようにしよう。問題点や必要なアクセサリーなどがはっきりとしてくるので、なるべくこまかくかき込んでいくと失敗が少ない。

水槽に使ってはいけない素材

貝殻

ブロック

サンゴ

生木

　いくらイメージにピッタリだからといっても、水槽には向かない素材が幾つかあるので注意しよう。
　まずサンゴや貝。これらを入れることによって水質がアルカリ化してしまうので、中性から弱酸性を好む淡水魚や水草の育成を考えている水槽には適さない。同じ理由でコンクリートや石灰岩も使用不可だ。また、生木や合板からは有害物質が出ることもあるので注意したい。
　また、レイアウト水槽によく使われる流木も、アク抜きされていないことが多いので、よく確かめてから購入することがたいせつだ。

レイアウトテクニック　　PART 2

立体感のあるレイアウトを作ろう

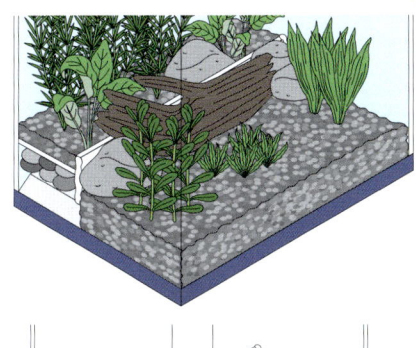

ショップの水槽などで見かける、立体感のあるレイアウトに憧れている人も少なくないだろう。だが、プラスチック板と接着剤、網戸の網があれば、初心者でも作ることができるのだ。作り方はいたって簡単。水槽の底砂にプラスチック板で堤防を作って、段差を作ればいいのだ。接着剤はシリコンシーラー（シリコン系の充填剤）という樹脂を使うと、毒性が少なく安心だ。どれもホームセンターで手に入れることができるので、水槽をセッティングする前に挑戦してみよう。

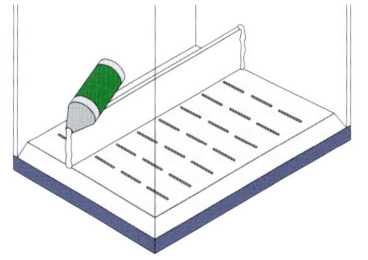

①水槽の底においた底面フィルターの上に、プラスチック板の堤防をシリコンシーラーで立て、水槽のガラスに両端をはりつける。

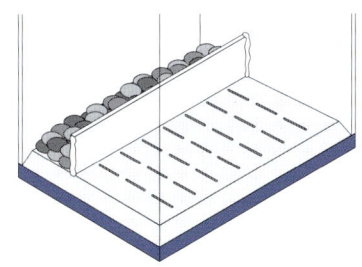

②上の段になる部分には、水の通りをよくするために、粒の大きい玉石を並べる。

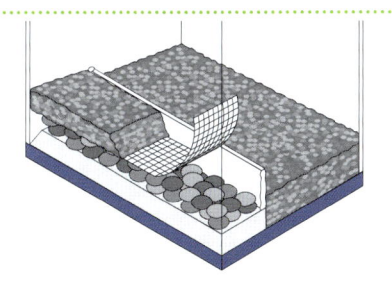

③下の段に砂を敷き、上の段には砂が玉石のすき間に落ちないように、網戸の網を敷いてから、砂を敷く。

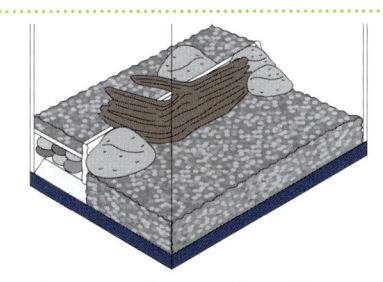

④プラスチック板の前に岩や流木をおいて、正面から堤防が見えないようにする。さらに水草などを植えれば完成。

1〜3日
水槽のセッティング

13. 水を八分目まで入れる

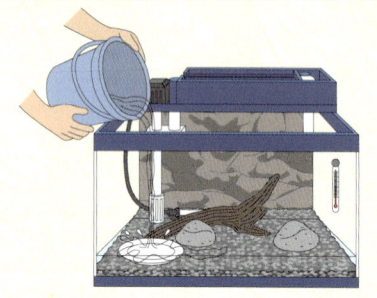

皿やビニールを敷いて、砂を巻き上げないように静かに水を入れる。

POINT

水の濁りが気になるときは、ホースを2本使って吸水と注水を同時に行うと、水の濁りがなくなる。

14. ガラス蓋をセットする

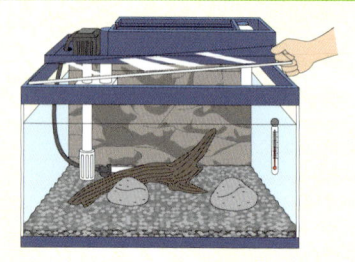

高い水温を保つため、水槽の水は蒸発しやすい。蒸発を防ぐためにも、ガラス蓋はきっちりとセットすること。

POINT

ジャンプを得意とする魚もいる。魚が水槽の外に飛び出すのを防ぐ役割も担っているのだ。

15. 照明をセットする

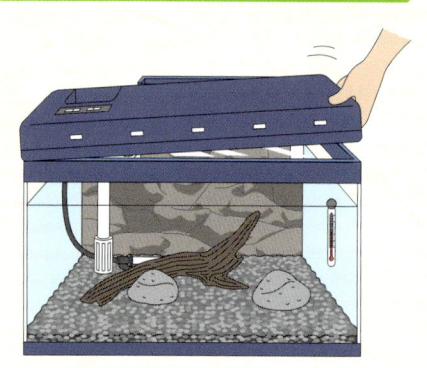

照明はきっちりセットしないと、落ちてけがや事故のもととなるので、セットしてからも安定しているか確かめる。

16. フィルターの電源を入れる

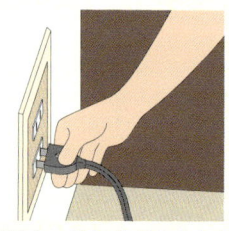

正常に水が流れ、外に水があふれないことを確認したら、上の枠ギリギリのところまで水を入れる。次にサーモスタットの電源を入れる。

POINT

サーモスタットの温度は魚に合わせてセットし、その温度を下回ったときに本体のパイロットランプが点灯するかを確認する（その製品による）。

17. ヒーターが作動する

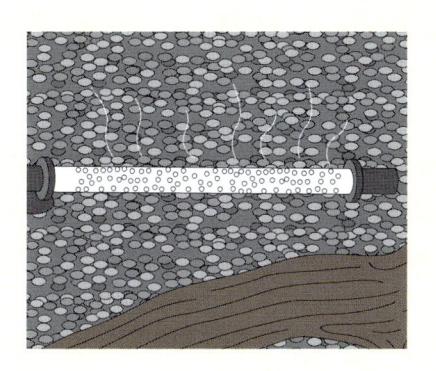

ヒーターが作動すると、水温が設定温度より低い場合、しばらくしたら気泡が出てくる。ちゃんと確認しよう。

18. ポンプが作動する

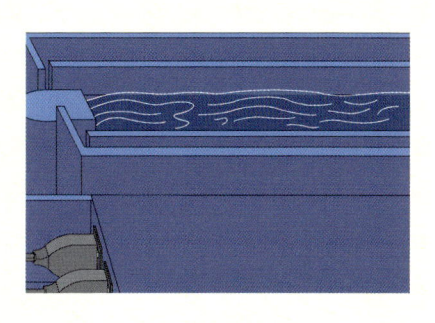

ポンプから水が一定の強さで流れているかをチェックする。もし流れていなければ、ポンプに書いてある水位線に水が達しているかを確認する。

19. 水槽のセッティング終了

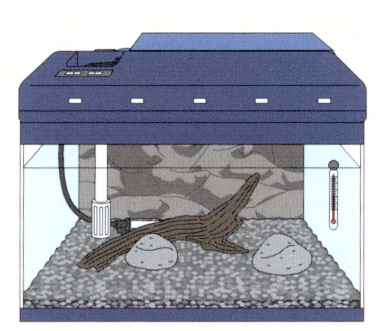

約1時間おきに温度計を見て、水温が設定の温度で一定になるかを確認する作業を半日ほどつづける。

20. バクテリアを入れる

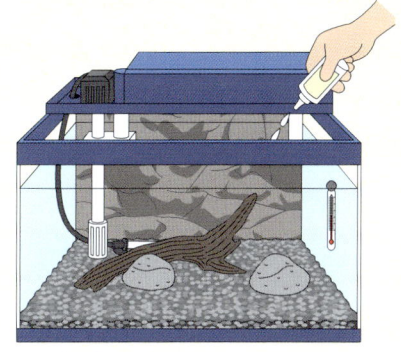

必要な水質調整剤やカルキ抜きなどを添加する。ろ過バクテリアなどもこの時点で投入してもよい。

3～5日
水草レイアウト

水草は植える前の下ごしらえがたいせつ。きずつけないようにたいせつに扱いながら作業を進めるように心がけよう。

1. 水草をポットから出す

POINT
無理にとり出すと水草が傷むので、少しずつずらしながらとり出すこと。

ポットで売られている水草は、まずポットからとり出す。

2. ウールをはずす

保護するために巻かれているロックウールを、指でやさしくとり除く。こまかいところに入り込んでいるウールはピンセットを使うとよい。

3. 根をカットする

ロゼット型は長すぎる根は水槽の中で腐りやすいのでカットする。くれぐれも成長点まで切らないように注意しよう。

3. 板おもりをはずす

板おもりがついているものははずし、折れたり枯れたりした葉をとり除いてから、バットや皿などに1本ずつきれいに並べる。

4. 水槽の後方から植える

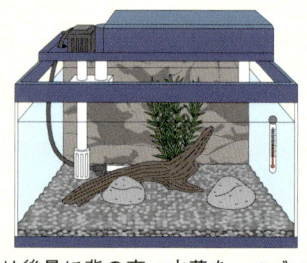

最初は後景に背の高い水草を、つづいてアクセントとなる水草や流木を配置する。

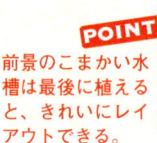

POINT
前景のこまかい水槽は最後に植えると、きれいにレイアウトできる。

水草の植え込みテクニック

水草は主に、茎に葉が生えた姿の有茎型とホウレンソウのように株になったロゼット型の 2 つに分けられる。これらは見た目が違うだけでなく、植える前の下ごしらえや植え込み方も変わってくるので、それぞれに対応した方法をとるようにしよう。

有茎型の植え方 ｜ ロゼット型の植え方

1. 水できれいに洗う

買ってきた水草には雑菌や貝の卵や幼虫などがついていることがあるので、バケツの中などでていねいに洗う。

1. 水できれいに洗う

買ってきた水草には雑菌や貝の卵や幼虫などがついていることがあるので、バケツの中などでていねいに洗う。

2. 傷んでいる部分をカットする

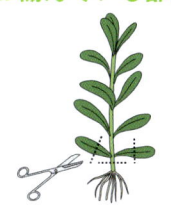

茎の傷んでいる部分や下葉をとり除く。さらにいちばん下の節（折れたり、腐っている場合はきれいな節）のすぐ下をカットし、バットや皿に長さ順に並べる。

2. 傷んでいる部分をカットする

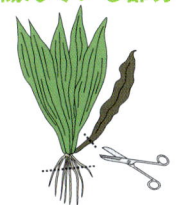

枯れた葉や折れた葉をとり除き、根を 2 〜 3cm ほど残してカットする。根に小さな巻き貝がついているのを発見したら、とり除いておく。

3. ピンセットを使って植える

1 本ずつ水草の下端をピンセットでつまんで砂にさしていく。ピンセットをできるだけ茎と平行にすると、うまく植えられる。

3. 底砂に穴を掘って植える

底砂を少しくぼませる程度に穴を掘り、根を傷めないようにしておいて、根に砂をかけるように植える。

4. 砂をならす

植え込んだ水草が抜けたり浮いたりしないように、まわりの砂をきれいにならす。

4. 根の近くに固形肥料を入れる

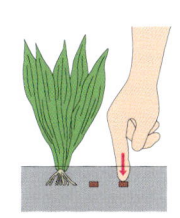

ロゼット型は葉から栄養を吸収することができないので、根のそばに固形肥料を入れたほうが丈夫に成育する。

水草テクニック

雰囲気満点のコケの活着に挑戦

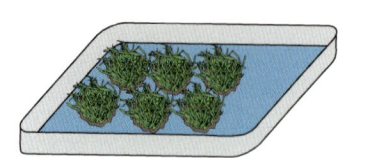

①ゴミをとり除いたコケと流木を用意する。コケは乾かないように水を張ったバットに入れておく。

②コケの根元を隠すように、1枚ずつていねいに流木の上に並べていく。

③すべてのせ終わったら、木綿糸でコケを流木に巻きつける。

④種類によっては水中化するまで時間がかかるため、霧吹きなどを使い、水に慣らしていく。

インパクトのある水草活着流木を作ろう

①水草をポットからとり出し、下ごしらえやトリミングをする。

②流木の上に水草をのせて、活着する位置を決める。

③茎部分に黒のビニールタイを通し、しっかりと固定する。結び方は弱めでよい。

④すべての水草を活着したらでき上がり。1〜2カ月で活着するので、そのころビニールタイをとりはずす。

POINT
途中で葉が乾いてしまうことがあるので、霧吹きで水分を補給しながら作業をするようにしよう。

6〜7日
魚を入れる

いよいよ待ち望んだ主役の登場。だが、あせりは禁物。魚を水槽に入れるのにも、いろいろと気をつけなければならないことがあるのだ。

ショップから家までの注意点

　ショップから家まで魚を持ち帰るときに気をつけなければならないのは、運ぶときの温度。夏や冬に遠くまで運ぶ場合は、発泡スチロールの箱やアイスボックスに入れて運ぶようにしよう。また、魚を購入してから水槽にあけるまでに、どれくらいの時間を要するかを店員に告げるのも忘れずに。

1. ビニール袋ごと水槽に浮かべる

袋と水槽の水を同じ温度にするため、30分ほど水槽に浮かべる。袋が点灯中の照明器具にふれないように注意する。

2. 水槽の水を袋に入れる

水温が同じになったら、袋の中に水槽の水を少しずつ入れ、徐々に水槽の水質に慣らすようにする。

3. 同じ動作を繰り返しながら待つ

魚の好む水質にしているとはいえ、ショック症状を起こす可能性もあるので、しばらく待ってから、②の動作を繰り返す。

4. バケツに魚を移す

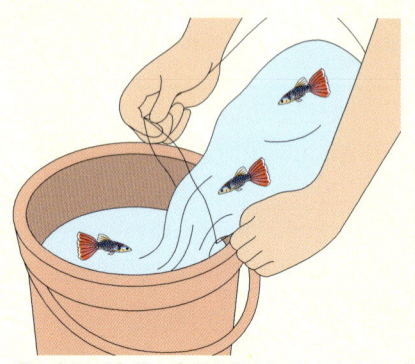

袋の水温が水槽の水温と同じになったら、バケツに魚と水を移す。袋の水といっしょに水槽に入れると、雑菌やゴミが水槽に入ってしまうからだ。

5. 魚だけを水槽に入れる

魚だけを網ですくって水槽に入れる。このときに、網で魚をきずつけないように注意する。

6. アクアリウム完成

1週間をかけて作り上げてきたアクアリウムの完成。飼うほうにとっては待ち望んでいた瞬間だが、魚にとっては初めての環境で過敏になっているときでもある。しばらくそっとしておこう。また、エサを与えるのは、魚が落ち着いてからにする。目安は水槽に入れた翌日だ。

POINT

水槽に新たに魚を追加するときは、今までいた魚があとからきた魚を攻撃することがある。そうならないために、水槽の照明を消して周囲がよく見えない状態にしてから入れるようにすると、問題が少なくてすむ。

Chapter

［第5章］

水槽設備の
メンテナンス

アクアリウムを100%楽しむためには、日々のメンテナンスが欠かせない。
熱帯魚も水草も「生きている」ということを忘れてはいけない。

日常のメンテナンス

毎日の日常管理が熱帯魚飼育の基本

いよいよアクアライフのスタート。魚にとっての最良の環境をととのえてやることが、熱帯魚飼育の最大のポイントだ。たいへんな事態を招かないためにも、早く日常管理のサイクルを身につけよう。

エサをやるだけが熱帯魚の世話ではない

生き物の飼育というと、まず思い浮かぶのが食事の世話だが、水槽の中で生活する熱帯魚にとっては快適な水温や水質、さらにそれを管理する器具が正常に動くことも、同じくらい重要なことなのだ。では、日常の世話とはどんなことをしたらいいのだろうか。

まず、朝起きたら照明を点灯する。1日の照明時間は12〜14時間ぐらいが適当だが、点灯時間を守るだけではない。魚にストレスを与えないためにも、点灯や消灯の時間は決めておきたい。仕事の関係などで時間が不規則になる人は、自動タイマーを使うとよいだろう。

次に温度計をチェックし、適温をキープしているかどうかを調べる。フィルターがきちんと作動しているかをチェックするのも忘れてはいけない。

といっても、分解することなどできないので、モーターやポンプの音を聞き、異音がしていないかどうかをチェックする程度でいい。

照明を点灯して、魚が落ち着いたらエサをやる。このとき、エサの食べ方や泳ぎ方、さらに体表に異常がないかをチェックするようにしよう。

器具のメンテナンスも忘れずに

日常のチェックは以上のことをすればほぼOK。次は器具のメンテナンスの時期とその方法について考えてみよう。

まずフィルターだが、これは熱帯魚を飼い始めたら止まることが許されない器具である。そのため、モーターやポンプの不調にはいち早く気づかなければならない。だいたいこれらは不調の前兆として、異音がしたり、パワー低下などが起こる。そんな変化を見のがさないためにも、こまめに音を聞いたり、水の濁りなどをチェックするようにしよう。

もちろん、壊れてから買いにいくのでは間に合わないので、バックアップ用のポンプを備えておくことも必要だ。

また、水草をたくさん植えた水槽などでは、枯れ葉がフィルターの吸水口につきやすい。これらのゴミはこまめにとり除こう。もし、そんなに頻繁に作業できないのであれば、プレフィルターをフィルターの吸水口にとりつけたり（外置き式フィルターの場合）、底面フィルターにつなぐ（上部フィルターの場合）などするとよい。

サーモスタットは、水中のセンサー部にコケなどが生えると感度が悪くなってしまうので、定期的にガーゼでふくようにするとよい。

　センサーがきれいな状態なのに温度が一定しない場合は、本体の故障が考えられるので、それを確かめるためにも、毎日温度計で確認するようにしよう。

　水草の中には、二酸化炭素の添加を必要とするものもある。これらの種類は状態をくずすと立ち直らせることがむずかしいため、予備の二酸化炭素ボンベを用意しておいたほうがよい。

　また、拡散筒内の二酸化炭素が急激に減るようになったら、もれている可能性があるので、エアチューブをチェックする。二酸化炭素はスタンダードなエアチューブではもれてしまうため、必ず二酸化炭素専用のエアチューブを使用すること。

　照明のランプが汚れていると明るさも低下するので、ときどきふくようにしたい。また、このときに、器具の内側の白い反射板もいっしょに掃除するようにしよう。これらの器具を手入れするときは、必ず器具のプラグを抜くことを忘れずに。ランプは３カ月に一度ぐらいのサイクルで交換するのが理想的だ。

毎日の世話・チェックポイント

毎日魚を見ていると、何かトラブルがあったとき、必ず気づくようになる。
さらに経験を積むとそれが病気によるものか、それとも器具の故障によるものかもわかるようになる。
魚や水槽に対する観察は、こまめに、ていねいに行うことがたいせつだ。

朝

夜

●照明をつける
●魚の健康状態をチェックする
●水温と保温器具をチェックする
●フィルターをチェックする
●エサを与える

●水温と保温器具をチェックする
●フィルターをチェックする
●エサを与える
●照明を消す
●魚の健康状態をチェックする

エサはちゃんと食べているか？

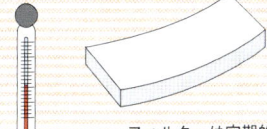

水温はだいじょうぶか？

フィルターは定期的に掃除しているか？

ヒーターは作動しているか？

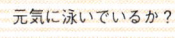

元気に泳いでいるか？

水槽の水換え

熱帯魚の命を左右するたいせつな仕事

水質管理の基本は水槽の水換え。これを怠ると水質がどんどん悪化し、せっかくのアクアリウムも台なしだ。自分の水槽や魚の種類に合った水換えの時期を把握して、快適なアクアライフを送ろう。

自分の水槽に合った水換えの時期を知ろう

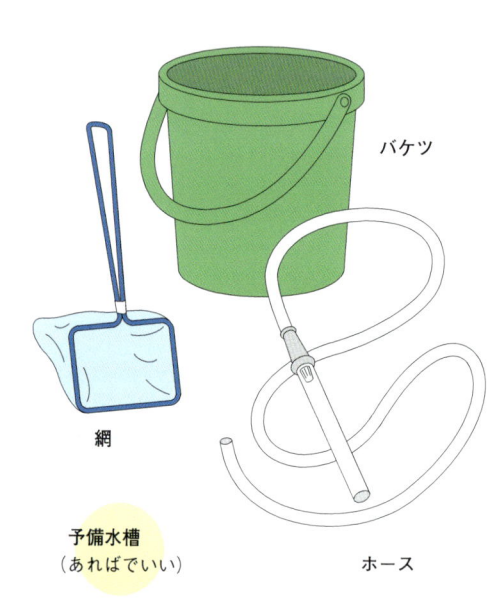

バケツ

網

予備水槽
（あればでいい）

ホース

　水換えの時期は、水槽の大きさ、魚の種類と量、フィルターの性能、砂、エサの量や質などによって大きく変わるもの。そのため、どれくらいの周期で水換えをしなければいけないという決まりはない。たいせつなのは、魚の成育に適した水質が保てるかどうかということ。そのためにも、自分の水槽に合った水換えの時期を知ることが必要になる。

　では、どうやってその時期を知ることが

できるのだろうか。

　まずは水槽の水質の変化を知ることから始めよう。これは pH メーターで測定するのがいちばん確実な方法だ。2〜3日おきに3週間ほどデータをとれば、変化の傾向を知ることができるはずだ。

　pH の値は水を入れたときの状態から、毎日少しずつ下がっていく。だから変化が少ない水槽は、水換えの回数も少なくてすみ、逆にあっという間に2ポイントも下がってしまうような水槽は、水換えを頻繁にしなければならない。

　もちろん水質管理は pH だけではないが、pH を基準にするなら、「水質にうるさくなく丈夫な魚」といわれる魚でも適性 pH ±2 がぎりぎりのラインと考えよう。逆に「水の汚れに弱いデリケートな魚」であれば、適性 pH − 0.5 を下回らないうちに水換えをするようにしたい。

POINT

　水換えは手間も時間もかかるたいへんな作業。少しでも無理を感じたら、自分のライフスタイルに合った方法に変更していくようにしよう。また、一度にすべての水を換えてしまうことは、急激な水質変化を招き、魚の体調をくずすことになる。基本的には、一度に3分の1程度の水換えが適当だ。

水換えの方法

手順

1. ホースで水槽の水を抜く

まず蛍光灯やポンプ、ヒーター、サーモスタットなどの電源を抜く。次に、専用ストレーナーホースなどで水を抜く。このとき、魚や水草などを吸い出してしまわないように注意する。

2. ゴミもいっしょにていねいに

底床砂にたまったゴミや老廃物をとり除く。専用ストレーナーホースなら、水を吸い出しながら底床砂もきれいにすることができる。

3. 水質調整剤を入れる

適温に合わせた水を用意し、カルキ抜きや水質調整剤を加えて、よくかきまぜる。

4. バケツの水を水槽に入れる

調整を行った水を、レイアウトを壊さないようにゆっくりと水槽に足していく。

水槽の掃除

こまめな掃除でコケを退治

水槽のガラスや底砂に生えたコケは見苦しいだけでなく、水草のトラブルにも発展する。だが、しっかりとした日常管理とちょっとした水槽掃除をするだけで、コケの発生を遅らせることも可能なのだ。

水換えと水槽掃除は違う

　水換えをすると水槽がきれいになると思っている人がいるが、水換えは水質管理のひとつであって、水槽の掃除には別の目的がある。

　フィルターなどの器具が正常に作動していれば、水槽はそれほど汚れるものではない。しかし、こまめに掃除することによって、水質の悪化を防いだり、魚や水草のトラブルを未然に防ぐことができるのだ。もちろん、きれいな水槽のほうが観賞価値も高くなり、手間をかける気持ちもわくという、好循環にもつながる。

　掃除のコツは、水槽が汚れないように、日常管理をしっかりと行うこと。水質が良好で、水草が元気に育っていれば、コケの発生も少ないのだ。

ガラスのコケ落としは
こまめに行うことが重要

まずいちばん気になるのが、水槽のガラスについたコケ。

　これを落とすためのグッズとして、マグネット式の黒板消しのような道具や、専用スポンジなどが市販されているが、スクレーパーと呼ばれるプラスチック板を使用すると、しつこく付着しているコケを、比較的簡単に落とすことができる。ただし、アクリルなどの樹脂製の水槽はきずつきやすいので、注意して選ぶようにしたい。

　また、コケの発生を抑える添加剤やろ材も

徹底的にコケをこそげる。
フレックス・スクレーパー
／（株）フレックス

コケと汚れとりに。コケバスターロング／ジェックス（株）

コケの発生を抑える。コケを防ぐアルジーブロック／ジェックス（株）

コケが発生する原因

　コケが発生する原因には幾つかの要因がある。もしあてはまる項目があったら、早めに改善してみよう。コケの生え方に変化があるはずだ。

- ●エサの与えすぎ
- ●フィルターの性能低下
- ●蛍光灯の照明時間が長い
- ●魚の飼育量が多い
- ●水換えをしていない
- ●底砂の掃除をしていない
- ●水草の肥料が多い

多く販売されているので、自分の水槽に合ったものを使用すると効果的だ。

　ガラスの外側も、水滴やほこりなどで意外に汚れている。クリーナーを使うとピカピカになるが、薬品が水槽に入らないように注意しなければならない。

　また、ガラス蓋が汚れると、照明の光を吸収してしまうので、食器用洗剤をつけたスポンジで洗うとよい。ただ、合成洗剤やせっけんは熱帯魚の大敵なので、念入りに、これでもかというくらいにすすぐようにしよう。

●コケの種類

コケの名前	特徴	対策
珪藻類 （けいそうるい）	褐色でどろどろとしている。フィルターのバクテリアがしっかりと働いていないために発生することが多く、比較的初期段階で発生するコケ。	水換えを行い、ウォーターコンディショナーなどを使用して、水質を弱酸性にすると発生が抑えられる。このとき、飼育している魚に配慮することを忘れずに。
藍藻類 （らんそうるい）	深緑の膜状でにおいがきつい。また、膜状になっているため、水草にからみついて枯らしてしまうこともある。	定期的に底床の泥抜きをするなど、水質を改善するように心がける。また、飼育している魚の量が多いことも考えられるので、少し減らしてみてもいい。
糸状藻類	緑色や黒色など、さまざまな色をした、細い糸状の藻。	発生するとやっかいなので、初期の状態で発見したら、水換えをしたり、ヤマトヌマエビに食べさせるなどして、予防を心がけたい。
アオミドロ	細長い緑色の藻。増殖するとかたまりになり、水槽全体に広がってしまう。	水換えのときにきれいに吸いとってしまうようにする。また、購入してきた水草や岩などのアクセサリーはよく洗ってから入れるようにする。

砂の掃除

意外と目立つ砂の汚れ

魚の食べ残しやフン、水草の切れ端など、砂の上にはゴミがいっぱい。これをそのまま放置しておくと見た目にもきれいではないし、コケの原因にもなる。気になりだしたらゴミだけでもすくうように心がけよう。

砂の汚れは
水質悪化につながる

　意外に思うかもしれないが、砂の汚れも水質悪化の大きな原因となる。砂自体がこまかく、重なり合って小さなすき間を作り出しているため、魚のフンやエサの残りなどがどうしてもたまりやすくなるのだ。

　また、底床はほとんど水が循環しないので、汚れやすいのも当然といえば、当然だ。

　しかし、頻繁に砂を水槽からとり出して洗うのは、手間も時間もかかりすぎる。そこで、日々の手入れの方法を紹介しよう。

　まず最初に、水中に浮いているゴミを網ですくう。さらに、いちばん小さなサイズの網で、砂の上のゴミを静かに巻き上げるようにして、底にたまったゴミをすくい上げる。

　底面フィルターを長期にわたって使用している場合は、砂のすき間にゴミが詰まったまま固まってしまい、水の通りが悪くなっていることがある。そんなときは、ちょっと太めの針金で砂をサクサクと突いてやると、水の通りがよくなる。

　また、砂の掃除だけをしようと思っても、網などで水をかきまぜ水が濁ったり、水草が抜けたりしてしまう。できれば、水換えをするときに、ホースの先にストレーナーなどをつけ、水といっしょに砂の中のゴミを吸い出すようにしたい。

●大きなゴミは網ですくう

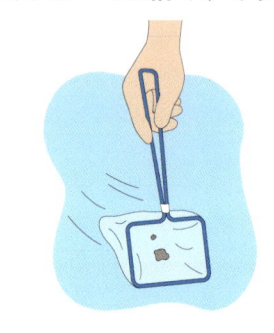

●底床の目詰まりをとり除く

●底床のゴミはホースでとり除く

STAGE 5 水槽まわりの掃除

整理整頓でトラブル回避

日常管理に追われて、ついつい忘れがちな水槽まわりの掃除。せっかくきれいな水槽を作ったのだから、水槽まわりも整理整頓を心がけて、未然にトラブルを回避するようにしたいものだ。

漏電やショートの原因になるほこり

　フィルターや照明器具などの電気器具は、一度プラグを入れたらほとんど抜くことがない。またコンセントや配線も見えない場所に押し込んでしまうことが多いので、ほこりだらけになっているはずだ。漏電やショートの原因になるので、ときどきコンセントを抜いて乾いた布でふくようにしよう。

　機種によって異なるが、エアポンプの底には、フェルトのようなフィルターがついている。これも長く使っている間に目詰まりして真っ黒になってしまうので、こまめに交換したい。

　また、水槽は頑丈に見えても、かたいものが当たると、ガラスは簡単に割れてしまう。水槽のまわりにはあまり物をおかないように、整理整頓を心がけるようにしよう。

水槽にひびが入ってしまったら…

　どんなに気をつけていても、地震などの不測の事故で、水槽にひびが入ってしまうことがある。そんなときにあわてないためにも、対処法を知っておこう。

1. すべての器具のプラグを抜く
2. 魚や水草を別の容器に移す
3. 水槽をすぐに買いかえる

●コンセントまわりのほこりには注意

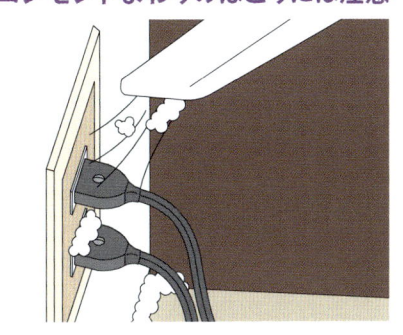

●水槽のガラスはきれいに

●不安定なものをおかない

水は毎日変化している

水質を管理するには、
まず、水槽の水がどんな変化をするかを知らなければならない。

●水は古くなると酸性になる

水槽の水は、ゴミなどの有機物の分解に伴って、設置直後のpHから酸性に変化していく。そのままほうっておくと、魚の体表やエラを荒らすほどの酸性になってしまう。最初のうちはpH試薬やメーターを使うとよいだろう。

●チッソ化合物の濃度が高くなる

魚を飼育すると、有害物質のチッソ化合物がふえつづける。フィルターの性能以上に魚の量が多い場合、フィルターの目詰まりなど、ちょっとしたことで濃度が大きく変化する。

特にアルカリ性の水質で飼育を行う場合（アフリカンシクリッドなど）、チッソ化合物の毒性が、中性や酸性の水質にくらべて著しく高くなるので注意が必要だ。

●酸素不足

エサの食べ残しや死骸が腐敗して繁殖した多種のバクテリアが、水中の酸素を消費することで、魚が酸欠になることがある。

また、フィルターや水槽の許容量以上の魚を収容した場合も、酸欠を起こすことがある。

このとき、魚は水面をフラフラと泳ぎ、呼吸が早くなる。このような状態になったら、すぐにエアポンプなどで空気を送り、水換えをすること。

ただし、水換えによる魚へのダメージはとても大きいので、十分に気をつけなければならない。

意外とむずかしい魚のすくい方

水槽の掃除をするときなど、魚をほかの水槽に移したほうが作業がしやすいこともある。そんなとき、魚をすくわなければならないのだが、活発な魚や小型の魚などは、水草に隠れたりしてなかなかむずかしい。こんなときは、網とプラケースを用意し、網でプラケースに追い込むようにすると、比較的簡単にすくうことができる。また、どうしてもうまくいかないときは、照明を消して寝込みをねらうようにするとよい。

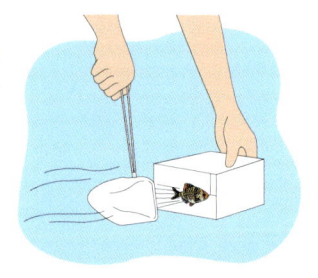

熱帯魚と水草の世話

毎日エサを与える。
水草が伸びてきたらトリミングをする。
そんな世話が、アクアリウムへの愛着をよりいっそう高めることになる。

エサの種類と与え方

魚の特性に合わせてエサを選ぶ

魚にエサをやるのは、熱帯魚飼育の中でいちばん楽しいことかもしれない。だが、エサも種類や与え方によってはトラブルの原因となる。しっかりとした知識を持って、楽しいひとときを送ってもらいたい。

エサは食べればいいというものではない

現在では多種多様な熱帯魚用のエサが販売され、魚種別や目的別といった機能が付加されているものも多い。それらには適応する魚種やその目的が明記されているので、それを参考にして選ぶのもひとつの方法だ。これらのエサには主食と補助食があり、主食はそれだけで飼育が可能だが、補助食は栄養のバランスが偏っているので、必ず主食と併用しなければならない。

エサは、ほとんどのものが酸化によって品質が劣化する。そのため、安いからといって大量に買いだめするのは避けたい。2〜3週間で使い切るぐらいの量を目安として、買いおきせず、そのつど購入するようにしたい。特に補助食の場合は、主食にくらべて使用量が限られるため、内容量の少ないものを購入したほうがむだがない。目安として、主食・補助食ともに開封後1カ月を過ぎたものは与えないほうがよい。

魚食・肉食魚への給餌

中・大型ナマズや古代魚といわれる仲間には、魚食性の種も多い。一般的にこれらの魚食魚には金魚やメダカを与えることが多いが、特に栄養のバランスがすぐれているというわけではなく、入手しやすいということがその主な理由である。

そのため、金魚を食べるような魚食魚の場合、週に2〜3回、タナゴやクチボソなども与えたほうが、栄養バランスがよい。また、小型の魚食魚には、メダカだけでなくアカヒレなども与えるようにしたい。

種類によっては昆虫や小型のカエルなどを与えるほうがよいが、そのエサ自体にも十分に栄養をとらせるのが理想だ。また、金魚などを与える場合は、病原体が水槽に

グッピーやプラティは、水槽の上層部を遊泳するので、浮遊するタイプのエサが好ましい。

コンゴテトラやエンゼルフィッシュなどは水槽の中層を遊泳する。そのため、エサも沈みやすいものを選ぶ。

入るのを防ぐためにも、２～３日薬浴を行い、その間は金魚に対しても栄養価の高いエサを与えるようにしたい。

イトメや生のアカムシを与える場合も、病原体や寄生虫の混入が心配されるため、事前に寄生虫駆除薬などを飼育水に入れたり、十分に洗浄してから与えるようにする。

エサは少なめに与えることが基本

初心者はついエサを与えすぎる傾向がある。だが、その状態を長くつづけると、魚の排泄物やエサの食べ残しがろ過能力を超えてしまい、水質悪化やコケの異常繁殖などの弊害が発生する。もちろん魚自身も消化不良や肥満になってしまい、いいことはひとつもない。これを防ぐためには、エサの適量を知ることがたいせつだ。魚の種類によっても違ってくるが、自分が適量だと思う量を与えてみて、３分ほど魚の様子を見守ってみよう。もし３分たってもエサが残っているようなら少なめが、逆に１分程度でなくなってしまうようなら多めが適量と考えてよい。フレーク状や顆粒状のエサを食べる魚種ならば、この量を１日２～３回、少し大きめのペレットや魚食魚には１～２回与えるのが基本となる。

旅行や出張などで家をあけなければならない場合には、市販されている自動給餌機を利用するとよい。ただし、与える量は通常の半分程度の量を、１日１～２回となるように設定すること。また、２～３日程度であれば、幼魚などでない限り、エサを与えなくても問題ないことが多い。

ディスカスは、通常ディスカスハンバーグと呼ばれる専用のエサを与える。

サイアミーズ・フライングフォックスやプレコの仲間などは水底で固着物をついばむ習性があるので、かたくて大きなエサがよい。

ゼブラキャットフィッシュなど、大型の肉食魚には生き餌が欠かせない。

肉食のアロワナは飼料代がかかる。ほとんどが生き餌でないといけないぜいたくな熱帯魚だ。

エサのいろいろ

配合飼料

フレークフード

小型熱帯魚用飼料の代表的なもので、投入後しばらく水面に浮かぶものが多く、表層から中層を遊泳する魚種に適している。嗜好性にはやや欠けるが消化吸収もよく、種類も豊富で、それぞれの魚種に合ったものを選びたい。

- ネオンテトラ
- グッピー
- ラスボラ・ヘテロモルファ
- シルバーハチェット
- スマトラ

粒状フード

比較的沈下性が強く、中層から低層を遊泳する魚種に向いている。フレークフードにくらべるとやや水にとけにくいため、水を汚しにくい。粒の大きさにはさまざまなものがあるので、飼育している魚種に合ったものを選ぶようにする。

- コンゴテトラ
- ゴールデンゼブラシクリッド
- エンゼルフィッシュ
- シルバーシャーク
- コリドラス・パレアタス

スティック状ペレット

中型から大型の雑食性の魚種に向いているフード。浮上性のものと沈下性のものがあるので、購入時に十分に確認しよう。生のエサにくらべると若干、嗜好性が悪く、魚種によっては慣らすのに時間を要する場合がある。

- テキサスシクリッド（成魚）
- オスカー（成魚）
- レッドフィンオスフロネームスグラミー（成魚）
- エンツイユイ（成魚）
- フロントーサ（成魚）

タブレット

低層を遊泳する魚種や固着物をついばむような魚種に向いている。水質を悪化させにくく、時間をかけてエサを食べる魚種には最適だ。特にプレコなどに与えるものは、植物由来成分を多く含むものを選ぶようにする。

- ロイヤルプレコ
- セルフィンプレコ
- ホンコンプレコ
- オトシンクルス

フリーズドライシュリンプ（クリル）

オキアミをフリーズドライ加工したもので、ボリュームのわりには価格が安い。大型魚用の飼料として用いられることが多いが、消化があまりよくないので、購入直後の体調が戻っていない個体には与えないほうがよい。

- フラワーホーン
- アイスポットシクリッド
- ロイヤルナイフ
- ダトニオ
- アーチャーフィッシュ

冷凍飼料

冷凍ハンバーグ

主としてディスカスに与えるものが主流であるが、ほかのシクリッドの仲間にも与えることができる。生のエサを配合して冷凍してあり、そのため水質を悪化させやすいので、与える量や頻度には注意が必要だ。

- ●ディスカス

生き餌

イトメ

比較的栄養価が高く、嗜好性もよいため、幼魚ややせてしまった魚などには効果的だ。寄生虫がまざっている場合もあるので十分な注意が必要。一般家庭での保管はむずかしいので、2日程度の使用量を購入するようにしよう。

- ●ホタルテトラ
- ●ディスカス（幼魚）
- ●スリーストライプドクローキンググラミー
- ●ラスボラ・アクセルロッディ〝ブルー〟
- ●コリドラス・パレアタス

コオロギ

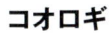

エサ用昆虫の代表。さまざまなサイズのものがあり、入手しやすい。活発に動くため嗜好性が高く、栄養価も高い。ただし、死んでしまったものは極端に嗜好性が低くなるので、水面で死んでしまったものはすみやかにとり除くようにする。

- ●アーチャーフィッシュ
- ●ブラックアロワナ
- ●アジアアロワナ

金魚

金魚は熱帯魚が罹患するさまざまな病気や寄生虫を持っている可能性が高いので、できるだけ薬浴を施してから与えるようにしよう。与える魚の大きさに合わせてサイズを選び、ときにはタナゴやクチボソなども与えるようにする。

- ●ゼブラキャットフィッシュ
- ●レッドテールキャットフィッシュ
- ●ダトニオ
- ●プロトプテルス・ドロイ

メダカ

扱いは金魚と同様であるが、魚食性の小型魚種に与えるようにする。また、メダカにかわるものとしてはアカヒレもあり、メダカでも大きすぎるサイズの魚にはアカヒレを与えるとよい。

- ●ロイヤルナイフ（幼魚）
- ●アイスポットシクリッド（幼魚）
- ●オセレイトスネークヘッド
- ●ポリプテルス・オルナテピンニス

魚の飼い方とブリーディング

環境をととのえてブリーディングに挑戦しよう

熱帯魚が泳いでいる姿を観賞するのは楽しいものだが、それを楽しめるのも水質管理や健康管理などがしっかりできていればこそ。魚にとって快適な環境をキープすれば、ブリーディングも夢ではない。

何よりも魚の健康管理に気をつける

熱帯魚を元気に育成するためには、幾つかのポイントがある。

●環境を変えないこと

熱帯魚にとって環境の変化は大きなストレスになる。水温や水質だけでなく、水槽の周辺も、できるだけ同じ状態に保てるようにしよう。

●規則正しい日常生活

魚も人間と同じで、不規則な生活をしているとストレスになり、健康をそこねてしまう。できるだけ毎日同じ時間に照明をつけたり、同じ時間にエサを与え、同じ時間に照明を消すように心がけよう。もし、それがむずかしいようだったら、24時間タイマーを使うなど、魚に負担をかけない方法を考えたい。

●水槽内の調和を心がける

魚の密度や組み合わせが適正であること。過密状態で魚を飼育するのは、ストレスになるだけでなく、水質の変化を早めたり、病気がすぐにほかの魚に伝染してしまう原因にもなる。また、理論上は問題ないとされる組み合わせでも、個体の性格によってはセオリーどおりにはいかないこともある。そのためにも、毎日水槽内の様子をよく観察し、必要があれば別の水槽を用意して、落ち着くまで分けて飼うなどの対策をとるようにしよう。

●エサはよいものを必要な量だけ与える

エサの質と量は、魚の健康に重要な影響を及ぼす。劣化したエサや栄養バランスの偏ったエサを与えつづけると、病気にかかりやすくなる。エサの保管場所に注意し、元気がないと思ったらほかのエサを試すなど、ちょっとした配慮がたいせつだ。また、少量ですべての魚にエサが行き渡るように、比重の違うエサを配合する工夫も。

●魚に合わせたレイアウトを

人間と同じように、魚にもいろいろな個性があり、その性格に合わせた水槽レイアウトをする必要がある。たとえば臆病な魚には、岩陰や水草など、ちょっとした隠れ場所をつくってやる。また、大きくて活発な魚を飼育する場合には、流木や岩を使った複雑なレイアウトは、スレ傷の原因となるので避ける。魚が快適に過ごすための水槽なのだから、魚の大きさや性格に合わせた材質を使い、安全かつ美しいレイアウトを心がけるようにしよう。

ブリーディングは それほどむずかしいものではない

　日常管理や水換えの時期、エサの与え方など、ある程度自分なりのサイクルがわかってきたら、ブリーディング（繁殖）に挑戦してみよう。自分の作ったアクアリウムで命の誕生をながめることは、熱帯魚飼育の楽しみであり、今まで以上に日常管理にやりがいを感じることができるはずだ。

　ブリーディングといっても、魚の種類によってその繁殖行動や産卵方法は異なる。まずは、ブリーディングしたい魚の生態をきちんと把握しよう。

　ブリーディングの第一歩は、よいペアづくりから。できれば数匹購入して、その中でペアになるのを待つようにしたい。ただしペアができても、雄と雌の発情時期がうまく合わないと、雄が雌をつついたりヒレを食いちぎったりすることもあるので、時期がくるまでほかの水槽に移してやること

も必要だ。

　混泳させている場合は、稚魚や卵がほかの魚に食べられてしまうこともあるので、産卵ケースや繁殖用の水槽を用意しておくこと。

　また、卵生魚の中には産卵床が必要なものもいるので、早めに用意しておこう。

だれもが一度は憧れるのが、ディスカスのブリーディング。体表から出るミルクを稚魚に与える姿は神秘的だ。

●ブリーディングにおすすめの魚

メダカの仲間	プラティ、ソードテール、グッピー
コイの仲間	チェリーバルブ、ゼブラダニオ、アカヒレ
アナバスの仲間	ベタ・スプレンデス、ドワーフグラミー
シクリッドの仲間	エンゼルフィッシュ、ディスカス
その他の魚	セレベスレインボーフィッシュ、ニューギニアレインボーフィッシュ、ゴールデンデルモゲニー

メダカの仲間

飼い方

メダカの仲間は繁殖の形態によって、卵胎生と胎生の2種類に分けられる。グッピーなどの卵胎生メダカの仲間は、比較的丈夫なものが多く、基本的な器具がそろっていれば、どんな水槽でも飼うことができる。世話も基本的なことを怠らなければいいので、初心者でも安心して飼うことができる。特にグッピーは入手しやすいうえに美しく、繁殖も簡単なので、初心者に人気がある。ただ、その美しい尾ビレをつつかれたりするため、混泳させる魚は注意して選ぶようにしたい。

しかし、なかには水質や水温の急変に弱い魚や、本来は汽水域にすんでいる種も多いので、水質管理には気をつけたい。

グッピーやプラティなどの卵胎生メダカの仲間は、ペアで飼うとどんどん交配して稚魚を生むので、簡単に繁殖が楽しめる。ただし、美しい品種を維持したいのであれば、計画的なブリーディングが必要。

ブリーディング

初心者がブリーディングに挑戦するなら、卵胎生メダカの中でも繁殖力のあるプラティがおすすめだ。卵胎生メダカの場合は、雌の腹の中で卵が孵化し、稚魚の状態で出産するので、市販の産卵ケースを用いるようにする。また、比較的稚魚も大きいため、市販されている稚魚用の配合飼料を与えればよい。

単種で飼っていても親が食べてしまうことがあるので、稚魚は専用の保育水槽を作って、その中でまとめて飼うようにすると安心だ。

また、グッピーの場合、無秩序に繁殖させていると、たとえ親がどんなに美しくても、原種に近いものがふえてしまい、せっかくの改良品種がむだになってしまう。そのため、親の美しさを継承させたいなら、まず保育水槽に入れた稚魚の雌雄判別がつくようになった段階で分ける。さらに、分けた雄と雌を色や形によってこまかく分け、その中で気に入ったものだけを選んでペアにする。

また、同じ親の子孫を連続して交配させると、美しいものが減ったり、病気の稚魚が出やすくなったりするので、ときどき新しい成魚を買い足すようにするとよい。

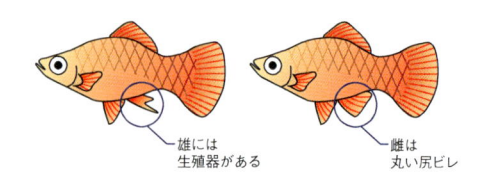

雄には
生殖器がある

雌は
丸い尻ビレ

卵胎生メダカの雄と雌の見分け方

カラシンの仲間

CHARACIN

飼い方

　小型のカラシンは群泳させると、その美しさが増すため、できれば10匹以上で飼うようにしたい。

　飼育装置や水槽の大きさは特に決まりはないが、体の小さいものを飼うのであれば、あまり水流の強いフィルターは向かない。また、カラシンの仲間は総じて高温に弱いので、家の中でいちばん涼しく、温度変化の少ない場所で飼うようにしたい。留守中も室温が28度以下になるようにしたほうがいいだろう。ただ、21〜23度ぐらいの水温は白点病が出やすい温度なので、予防と早期発見に力を入れるようにしたい。

　ピラニア・ナッテリーなどの中・大型魚は、成長すると大きくなるので大きめの水槽が必要。肉食魚は生き餌をやらなければならないため、食べ残しはそのつど始末し、フィルターは掃除の楽な外置き式か上部式にするとよい。それ以外の器具は、ほかの熱帯魚と同じでかまわない。

ブリーディング

　カラシンの仲間を繁殖させるためには、産卵用の水槽が必要になる。水槽はプラスチックケースでもかまわないので、水草を入れるか、煮沸消毒したシュロの皮を入れておく。

　腹のふっくらした雌を何匹かの雄が追いかけるようになったら、そのグループをみんな産卵用の水槽へ移すと、1〜2日後ぐらいに水草の上にばらまくようにして産卵をする。産卵が終わったら、親魚は元の水槽へ戻す。

　種類によって多少違うが、だいたい産卵後1日ほどで孵化が始まり、1週間〜10日で活発に泳ぎ回るようになる。ただ、最初は明るいところをこわがるので、薄暗くしておくとよい。泳ぎ始めたらエサを与えるが、最初はインフゾリアを、少し大きくなってきたらブラインシュリンプを、さらに大きくなったら稚魚用の配合飼料を与える。

インフゾリアの作り方

　インフゾリアとは、ゾウリムシやワムシの総称のこと。ただ、これは市販されていないので、自分で作らなければならない。

　まず、塩素を中和した水をプラスチックケースに入れ、粉ミルクなど栄養のあるものを少量入れてから水草の葉を浮かべておく。3〜5日後、水草のまわりに白いモヤモヤしたものが出てくる。この中にインフゾリアがたくさんいるので、それをスポイトで吸いとって稚魚に与える。

シクリッドの仲間

CICHLIDS

飼い方

熱帯魚の王様ともいわれるディスカスをはじめ、定番ともいわれるエンゼルフィッシュなど、個性的な容姿の魚が多い。種類が多いのも特徴で、ジュルパリやエンゼルフィッシュなど、初心者でも比較的飼育しやすいものから、ディスカス、アピストグラマなどのように、ベテランでも手をやく魚までさまざまだ。

小・中型の魚で、泳ぐ姿を楽しむ観賞用として飼うなら、一般的な水草を植えた水槽でかまわないが、繁殖を考えたり、水質にうるさい魚の場合には、ゆとりを持って90cm以上の水槽で飼うことをおすすめする。

この仲間のほとんどは、産卵後、親が卵や稚魚の世話をする姿を観察することができる。それも魅力の一つだ。

ブリーディング

10匹程度まとめて買い、仲のよいペアができるまで待つ。種類によってはペアがなわ張りを主張するようになるので、そのような行動をするようになったら産卵用の水槽に移す。

ほとんどの魚は、産卵後も自分で卵の世話をするが、魚種によっては途中で卵や稚魚を食べてしまうことがある。

だが、そのまま産卵用の水槽に入れておくと、何度でも卵を産み、そのうちに育てるようになるので、静かに見守るようにしよう。

産卵から数日で孵化するが、この種類は子育ての姿に特徴があり、ブリーディングの楽しさのひとつでもあるので、じっくりと観察してもらいたい。孵化してから1週間前後で稚魚が泳ぐようになる。この段階に入ったら、ブラインシュリンプや稚魚用の配合飼料をごく少量ずつ与えるようにする。稚魚が自由に泳ぎ回れるようになり、親の関心が稚魚から離れ始めたら、親を元の水槽に戻す。

ブラインシュリンプの作り方

ブラインシュリンプとは、塩湖にすむプランクトンの幼生のこと。この卵は乾燥した状態でも死なないため、ショップで購入することができる。これを3％の食塩水に入れると、だいたい一晩程度で孵化する。それをスポイトで吸いとって稚魚に与える。

このブラインシュリンプは光に集まる習性があるので、分散してスポイトで吸いにくいときは、周辺を暗くして容器の1カ所に光を当てるとよい。

アナバスの仲間

LABYRIMTH FISH

飼い方

アナバスの仲間は、エラにラビリンス器官という呼吸器官を持っているのが特徴。ラビリンス器官は、空気を吸って酸素をとり込むことができる。つまり、酸欠状態にも耐えることができるのだ。

そのため、水換えさえ定期的に行っていれば、冬の寒い時期に保温器具を使用する以外、なんの器具も使わずに飼育することができる、ベタのような丈夫で飼いやすい種類も存在する。

しかし、この仲間の中で気をつけなければならないのが、ベタ。

原種は別名「闘魚」といわれ、雄どうしをいっしょに飼うと争いが始まるので、雄は単独で飼うこと。

雌に対しても相性が悪いと攻撃をしかけるので、ブリーディングを考えるなら、1匹ずつお見合いをさせ、相性のよい雌をペアにさせるようにする。

ブリーディング

ペアができたら、リシアなどの水草を多く浮かべ、水温を25度前後に調整した繁殖用の水槽に移す。この仲間は、生殖行動が大きく2つに分けられる。

グラミーやベタは、雄が泡の巣を作って雌を誘い込み、雄が雌の体に巻きつくようにして産卵をする種が多い。

この泡巣は水流が強いと壊れてしまうので、スポンジフィルターなどの水流の弱いフィルターを使用するとよいだろう。

また、マウスブリーディングするアナバスは、雌が産んだ受精卵を雄が口の中に入れ、孵化するまで守る。

ただ、たまに口から吐き出した稚魚を親が食べてしまうことがあるので、卵を口の中に入れてから1～2週間後、孵化したころを見はからって強制的に吐き出させ、稚魚だけを繁殖用の水槽で飼育するようにしよう。

どちらの生殖形態をとるにしろ、卵が孵化し稚魚になるまで、親がしっかりと育てるので、飼い主は安心していられる。稚魚の最初のエサはインフゾリアを与え、少し成長したらブラインシュリンプを与えるようにする。

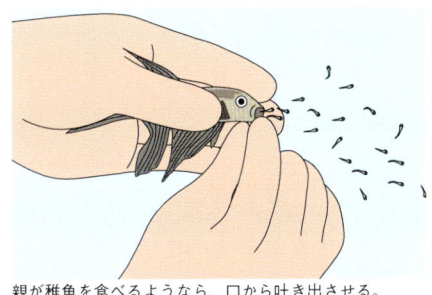

親が稚魚を食べるようなら、口から吐き出させる。

CARP&LOACH
コイ・ドジョウの仲間

飼い方

コイやドジョウのなかでもアカヒレは、金魚よりも飼いやすいといわれるほど丈夫で、繁殖も簡単。熱帯魚初心者の入門種として紹介されることが多い。

また、ラスボラ・ヘテロモルファなど、比較的デリケートといわれている魚も、部分的に水換えをきちんと行ったり、弱酸性の水質をキープするなど、基本的な管理をしっかりすれば、それほどむずかしいものではない。

ただ、どちらかといえば、古くなった水のほうが好きなので、水換えのときは新しくセットした水槽に別の魚を入れておき、水が落ち着いたころに移してやるなどの配慮をすると、ストレスがかからなくていいだろう。

しかし、長いヒレの魚に攻撃をしかけるスマトラなどは、混泳させる相手を十分考える必要がある。

また、驚くと水槽のガラスに衝突してしまうシルバーシャークなどは、大きな音や振動のない場所に水槽を設置するなどの注意が必要だ。

また、砂底付近を好んで泳ぐ魚もいるので、エサの種類や比重を考えて与えることも忘れずに。

ブリーディング

10匹程度の群れで飼っていると、腹のふくれた雌を雄が追尾するようになる。コイの仲間はこの繁殖行動を行っているときに体色が変化し、非常に美しい。ブリーディングをするなら、この婚姻色を見のがさないようにしたい。

多めに水草を植えた産卵水槽にペアを移すと、産卵床の上に卵を産み始める。

アカヒレは卵や稚魚を食べる心配がないので、親魚をそれほど早く元の水槽に戻す必要はないが、それ以外は産卵が終わったら、すみやかに卵から離したほうがいいだろう。

通常、産卵から1～2日後には孵化し、間もなく泳ぐようになる。稚魚に与える最初のエサはインフゾリアで、少し成長して口が大きくあくようになったらブラインシュリンプを与えるようにする。

アカヒレはおとなしくて繁殖力も強いので、ある程度、大型の水槽で水草をたくさん植えてやると、自然に産卵し、孵化した稚魚は水槽の中の微小生物を食べて成長する。

飼い主が介入しない、自然の営みを間近でながめることができるのも、楽しみのひとつといえるかもしれない。

ナマズの仲間

CAT FISH

飼い方

数千種類以上いるという、ナマズの仲間。初心者でも飼いやすい丈夫なものから、専門家でも手こずるほどのものまで、その仲間は実に多い。

コリドラスの仲間は、ほかの魚にちょっかいを出すことが少なく、水槽の底を好んで生活するため、大型肉食魚以外なら、どんな魚とも共存できる種が多いのが魅力だ。つまり、混泳水槽には欠かせないキャラクターなのだ。

また、小型のプレコは水槽のコケ掃除のためだけに飼育する人も多い。しかし、その生態や姿、色は実にユニークで、コケ掃除用としてではなく、この種をメインで飼う人もいるくらいだ。

しかし、プレコでも大型になると、草食性とはいえかなりの大食漢だ。水草は食べられてしまうので、岩や流木メインのレイアウトのほうが無難だろう。

また、プレコの体は骨でおおわれているため、エサが少なくやせてきてもわかりにくいので、ときどき腹を見るなどして、へこんでいないかチェックすること。

ナマズ専用の水槽を作るなら、ヒゲを傷めないようなこまかい川砂を敷き、葉の広い水草を、小さな植木鉢などに植えて底においてやるとよい。

もちろん、大磯砂に水草を直接植えてもよい。

しかし、大型ナマズは力も強く、せっかくのレイアウトを壊したり、水槽を割ってしまうこともある。そのため、水槽や使用する器具は、丈夫なものを選ぶようにしなければならない。

ブリーディング

コリドラスの産卵は、ほかの魚とは一風違い、ユニークなので一見の価値がある。産卵のための専用水槽を用意し、産卵床となる葉の広い水草を植えておく。

雌が卵を持つようになると、雄がそのあとを追うようになる。こうやってペアができたら、産卵水槽へ移す。

水槽に慣れると、雌は雄の精子を自分の口で採取し始める。そして、その精子を水草につけるのだ。そして、その上に卵を産みつける。

雌はこの産卵行動を繰り返し、何度かに分けて卵を産む。

産卵がすんだ親魚は元の水槽に移す。また、専用水槽で産卵した場合は、卵のついた水草をほかの水槽に移すようにする。

産卵後3日ほどで孵化が始まる。稚魚が泳ぎだしたら稚魚用の配合飼料を与える。

ANCIENT FISH
古代魚の仲間

飼い方

生きた化石と称される古代魚の中で、最もポピュラーなのがアロワナ。

アロワナに憧れて熱帯魚を飼い始める人も多いだろう。しかし、飼育するにはそれなりの覚悟が必要だ。成長すると1mにもなるので、幼魚の間は60cm水槽でいいが、成長にともない90cm、120cm、最終的には180cmの水槽が必要になってくる。

さらに、体が大きい分、フィルターの吸入口や出口、ヒーターやサーモスタットが破壊されるおそれがあるため、保護アクセサリーを使用するようにしたい。

アロワナやガーに限らず、エサの食べ残しやフンの処理もこまめにしなければならない。このように、設備面や日常管理でそれなりの覚悟と努力が必要だが、アロワナが悠然と泳ぐ様子を眺めれば、それにかわる満足感が得られるはずだ。

古代魚といわれる魚には、魚食性のものが多く、混泳させる魚種を慎重に選ばなければならないが、古代魚どうしであれば、意外と混泳が可能なものが多い。

一般に、稚魚や幼魚が販売されていることも多いので、購入が可能。購入時には、やせていないものを選ぶのがポイントだ。

一度やせてしまった魚食魚は、元の状態をとり戻すのに時間がかかることが多い。エサを十分に与え、水質管理を怠らないことが重要だ。

ブリーディング

アロワナの仲間はマウスブリーディングを行う。ペアを形成し、産卵行動に入ってしまえば容易に繁殖させることが可能であるが、古代魚は比較的長生きするものが多く、成熟を迎えるのにも非常に長い時間を要する。ほとんどの種が5才以上にならないと性的に成熟しないのだ。

また、アロワナの繁殖には2000〜3000ℓの水槽容積が必要となり、設備も非常に大きなものが必要になる。

種によって、繁殖行動に入るきっかけが水温変化や水質の変化によって促されるものもあるために、プロの繁殖家並みのテクニックも必要となってくる。

一般にはブリーディングを行うことが非常にむずかしいといえる。

しかし、ポリプテルスの仲間などは繁殖の成功例もあり、水槽も300ℓ程度から繁殖が行えることから、古代魚を繁殖させるための登竜門的な存在となっている。

古代魚といってもさまざまな種が混在しているので、まずはその種に対しての知識を十分に集めることが成功への近道だ。

その他の魚

飼い方

　その他の魚の中でも人気の高いレインボーフィッシュの仲間は、パプアニューギニアなど、オセアニアエリアの島に生息しているため、だいたいが汽水魚と考えられがちだ。

　だが、その種の多くは淡水域に生息しているのだ。自分で勝手に判断せず、購入するときは必ずショップの水質や生息地域を聞き、それに合わせた水質管理をすることが重要だ。

　また、純淡水で飼育可能な魚であっても、繁殖を考えるのであれば、種類によっては多少塩分があったほうがよいこともある。ショップでよく話を聞くようにしよう。

　もちろん、淡水魚であれば混泳での飼育も可能である。同種間での争いを除けば、比較的おとなしい種類なので、温和な魚を選んで混泳させるようにするとよい。

　レインボーフィッシュは、姿が美しいのも魅力。ネオンドワーフレインボーフィッシュやニューギニアレインボーフィッシュのように、泳ぐ姿を眺めているだけで時間を忘れてしまうものも多い。

　リーフフィッシュのように、水草や水槽の底にじっとしていれば、見分けがつかないほど木の葉そっくりに擬態した魚など、バラエティーに富んだものが多く、どの種類に挑戦するか、じっくり悩んで選ぶのも楽しいグループである。

ブリーディング

　その他の魚はじつにさまざまな種類が存在するが、飼育そのものより、塩分濃度が重要になる。純淡水での飼育が可能な魚でも、繁殖させるのであれば、塩分濃度を高めにしたほうがなじみやすい場合もある。それぞれの魚種に応じた水質管理をするように心がけよう。

　レインボーフィッシュの仲間については、色や体形の違いによって、雌雄の判別が可能なものが多く、初心者にも繁殖がしやすい。体が非常に小さいため、稚魚にはインフゾリアを与えるが、そのインフゾリアをうまくキープできるかどうかがレインボーフィッシュをブリーディングするときの大きなファクターとなる。

　塩分を好みの濃度に調節した水槽に、ペアになった魚を入れると、数回にわたって水草にひそんで産卵を行う。

　すべての種類が卵や稚魚を食べるわけではないが、念のため、産卵が終わったら親魚を元の水槽に戻すようにしたほうがよいだろう。

魚の病気と対処法

適切な対処法を身につけよう

ほかの動物と違い、魚の場合は飼い主一人一人が医師の役目をこなさなければならない。症状を冷静に判断し、治療の方針を立てるためにも、病気と治療に関する知識をしっかりと身につけておこう。

異変を発見したら、とりあえず行動を起こす

朝、照明をつけたときや、エサを与えているときなど、魚を観察していると、いつもと様子が違うと感じることがある。

しかし、それが病気の症状なのか、それともその魚にはよくあることなのか、判断に迷ってしまう。

初心者はこういった場合、異変に気づいても行動に移さず、もう少し様子を見ようということになりやすい。

だが、細菌などの寄生による症状が出た場合、早く処置をしないとその魚の状態が悪化するだけでなく、水槽内が汚染されてしまう。

水槽が汚染されると、ほかの魚へも感染するなど、とり返しのつかないことになってしまう可能性もある。

必要以上に心配して騒ぎ立てることはないが、「様子を見る」ということは、何もしないでほうっておくのと同じだということを忘れないでほしい。

何か異変を感じたら、まず本を調べたり、ショップに相談するなどして、それが病気かどうかを確かめるようにしたい。

魚の飼育で最もたいせつなのは「様子を見ながら行動を始める」という心構えなのだ。

魚が病気になりやすい環境がある

飼育を始めた当初は、水質や水温などの日常管理に気をつかい、魚が元気に泳いでいるかを毎日チェックする。しかし、飼育に慣れてくると、しだいに作業も少しずつ雑になってきてしまう。そんな飼い主の気のゆるみが、病気の出やすい環境をつくってしまうのだ。

ただ、日常管理をしっかりしていても、ちょっとした不注意から、病原菌を水槽内に持ち込んでしまうこともある。特に気をつけたい事項をあげておくので、心当たりがあるときは、魚の様子をよく観察し、病気の早期発見を心がけるようにしてもらいたい。

①新しく購入した魚や水草を入れたとき

新しい魚や水草には病原菌や病原虫がついていることがあるので、これらを入れたあと1～2週間は、注意深く観察する。野外でとってきたものを水槽に入れるときには、必ず薬浴（P173参照）をすること。

②生き餌を与えているとき

エサとなる生き物からも病原菌や病原虫が入り込む危険がある。コケとり用として入れるエビや貝も注意が必要だ。

③水温が大きく変化したとき

ヒーターの故障や水換え時の温度調整ミスなど、不慮の事故で水温が大きく変動すると、病原菌や病原虫が活動を開始するこ

とがある。さらに魚自体もダメージを受けるので、感染しやすくなってしまう。

④水質が悪化したとき

病原菌や病原虫の活動に適した水質になるのと同時に、魚の体力が落ちるので、高い確率で発病する。また、水換えや掃除を怠っていると、水カビなどの有害菌が発生する。

⑤魚がきずついてしまったとき

ほかの魚につつかれたり、網ですくっただけでも、体表の保護膜がはがれてしまい、細菌やカビに感染しやすくなる。

⑥魚の体力が落ちているとき

水槽内に多少病原菌がいても、魚に体力があれば、病気にはなりにくい。だが、体力が落ちていたり、過度なストレスを感じたりしていると、発病しやすくなる。

魚病薬の種類

魚の薬は、基本的に内服用と薬浴用の2種類しかない。だが、それぞれについて何種類もの製品があり、しかも効能や用法が少しずつ違う。購入するときには魚の症状を具体的に話し、注意書きをよく読んでから使用するようにしたい。

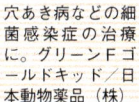

穴あき病などの細菌感染症の治療に。グリーンＦゴールドキッド／日本動物薬品（株）

皮膚炎、尾ぐされ病などの細菌感染症の治療に。グリーンＦゴールド／日本動物薬品（株）

●病気にかかりやすい環境	●危険信号
新しい魚や水草を追加したとき	異物がついている
生き餌を与えているとき	体表に炎症や出血がある
水温が大きく変化したとき	ヒレや口がただれている
水質が大きく変化したとき	苦しそうに息をしている
魚がきずついてしまったとき	目が白く濁っている
魚の体力が落ちているとき	体形が明らかに変わっている

病気の治療法

熱帯魚の病気を治療するのは、飼い主自身。ただ、しっかりと準備をととのえ、正確な手順で慎重に行うことと、十分に時間をかけて治療することが重要だ。

治療法を正しく理解することがたいせつ

病気の治療は主に4種類ある。それぞれの治療法と注意点は以下のとおりだ。

1. 薬浴

薬をとかした水槽に魚を泳がせる治療法。薬の濃度や薬浴期間、薬の追加のタイミングなどが重要になる。また、治療後のトリートメントを忘れないようにしたい。

2. 薬の塗布

魚の患部に直接薬をつける治療法。手早く、慎重な作業が求められる。

3. 物理的な治療

魚の体についた寄生虫をピンセットなどでとり除く治療法。塗布の場合と同じように、手早く慎重に作業を進めなければならない。

また、ほかの魚が次々と発病するようなら、水槽全体を消毒することも忘れてはならない。

ただ、治療がすめばそれで終わりということではない。なぜ、その病気になったのか、原因をはっきりとさせなければ、また同じことを繰り返すおそれがある。どのような環境の改善が必要なのかを把握したうえで、早急に手を打つことがたいせつだ。

●治療に必要な器具

魚が病気にかからない環境をつくることがいちばんだが、もしものために、最低限、魚の治療に必要な器具はそろえておきたい。病気はほうっておくと、どんどん進行するので、早めの治療を心がけたい。

●バット

●ネット

●ピンセット

●水槽の消毒の手順

1 魚を薬浴用の水槽に移す。

2 水槽レイアウトを解体し、砂やろ材をはじめ、すべての器具やアクセサリーをよく洗う。

3 洗ったものを水槽に戻し、水を入れ、病気に有効な薬を入れる。

4 フィルターを動かして4～5日たったら、水換えを2度したのち、魚を水槽に戻す。

5 さらに15～20日後、①から④の作業を繰り返せば完璧だ。

薬浴の手順

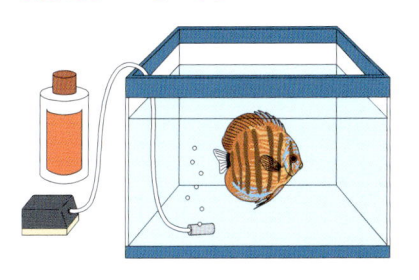

1. 薬浴用の水槽をセットする
　ヒーターは専用ケースに入れ、エアポンプで空気を送る。水質調整剤は通常の量でよい。

2. 薬を水槽に入れる
　水の量に見合った分量の薬を入れ、よくまぜる。薬の濃度が重要なので、きちっとはかること。

3. 魚を水槽に移す
　水温調整を終えたら魚を水槽に入れる。長期間薬浴を必要とする場合は、途中で水換えをする。

4. 回復状況を毎日チェックする
　体力が落ちていたり、水質に敏感な魚は、薬の刺激でショック症状を起こした場合は治療を中止し、元の水槽に戻す。また、魚に食欲があるようなら、少なめに与える。

5. 本水槽の水換え
　病気の魚を薬浴させている間に、元の水槽の水換えをしておく。

6. トリートメント剤を入れた水槽に戻す
　症状が改善されたら、元の水槽に魚を戻す。トリートメント剤は通常より少し多めに入れること。

薬の塗布の手順

1. 必要な道具をそろえ、病魚を水槽から出す
　ガーゼを何重にも敷いたバットに、ひたひたの水を入れて病魚をのせる。もしすくった網の中で治療が可能であれば、そのままでもOK。

2. 薬を塗る
　魚が暴れないように手でそっと押さえ、患部にガーゼを当てて水分をとってから薬を塗る。ガーゼやタオルなどで目隠しをすると、おとなしくなる場合がある。

3. トリートメント剤を入れた水槽に戻す
　手早く治療をすませ、水槽へ戻す。

魚がかかりやすい病気と治療法

白点病・こしょう病

■症状
病原虫が寄生することによって、小さな粒が体表やヒレに付着して、ひどくなると体全体が白点でおおわれてしまう。

■薬剤
グリーンF、ヒコサンＺ

■治療法
病原虫が落ちるまで、水を換えながら薬浴をつづける。

■注意点・予防法
病原虫は春や秋持ち込まれやすい。
水温が低下したときにふえるため、温度管理に注意する。

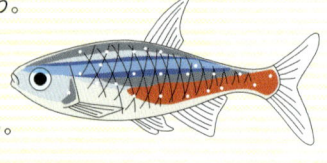

綿かぶり病

■症状
ほかの病気で体力が落ちているときに、傷口に、水生カビが寄生し、白い綿状のものが体表に付着する。

■薬剤
グリーンF、ヒコサンＺ

■治療法
症状が全体に広がっていたら、カビが落ちるまで、水を換えながら薬浴をつづける。
症状が部分的なら、薬浴の２～５倍の濃さ（小型魚は薄め、大型魚は濃いめ）のグリーンFを患部に塗る。

■注意点・予防法
ほかの魚につつかれるようならほかの水槽に移すか、予防のために薬品を投与する。

イカリムシ症

■症状
ウロコのすき間から、淡褐色の糸くずのようなものが出ている。動物プランクトンのケンミジンコの一種で、すぐにとり除けば、それほど大きな病気ではない。ただ、小さな魚の場合は注意が必要。

■薬剤
リフィッシュ

■治療法
先のとがったピンセットでイカリムシを根元からとり除き、リフィッシュによる薬浴。

■注意点・予防法
イカリムシは寄生生活に入ると幼生をまき散らす。
イカリムシの再発を防ぐために、水槽ごとリフィッシュによる薬浴。

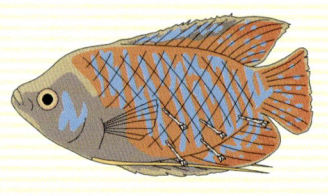

病気の基本的な治療法が理解できたら、あとは実践あるのみ。
実際の治療に使う病気別の薬と治療法を紹介しよう。

赤斑病

■**症状**
細菌によって体表やヒレに炎症や出血がみられるようになる。ゆっくりと進行し、悪化すると死んでしまう。

■**薬剤**
観パラＤ、グリーンＦゴールド

■**治療法**
観パラＤまたはグリーンＦゴールドによる薬浴。

■**注意点・予防法**
水質の悪化した水槽でよく発症する。飼育環境の再点検をする。

松かさ病

■**症状**
細菌感染によってウロコがさか立ち、体全体がふくれたように見える。また、腹部もはれてふくらむ。治療に時間がかかり、病原菌を完全にとり除くことはむずかしい。

■**薬剤**
観パラＤ

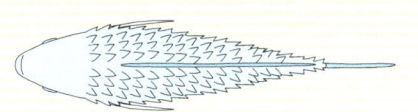

■**治療法**
観パラＤによる薬浴。

■**注意点・予防法**
治療をしても症状が改善されず、そのまま死んでしまう場合もある。

口ぐされ・尾ぐされ

■**症状**
ヒレなどの先が白く濁り、とけていく。尾ビレに発症することが多く、ひどくなると尾がなくなる。また、口の周辺が破傷するとただれ、どちらも運動能力が落ち、エサがとれなくなるので衰弱する。

■**薬剤**
観パラＤ、ニューグリーンＦ

■**治療法**
0.5％の食塩水を作り、その中に観パラＤまたはニューグリーンＦによる薬浴。

■**注意点・予防法**
体力が落ちているときは、パラザンＤを使用したほうがショックが少ない。治療後はトリートメントをし、体力が回復するまでは別の水槽で休ませる。

穴あき病

■症状
初期段階では、ウロコがところどころ白く濁る。ひどくなってくると、皮膚がただれてきて、とけたように穴があく。一度発症すると、何度かつづくことがある。

■薬剤
観パラD、エルバージュエース

■治療法
薬剤による薬浴。

■注意点・予防法
水温を29度程度にすると治りが早い。水温を上げるときは12時間以上かけてゆっくりと上げる。

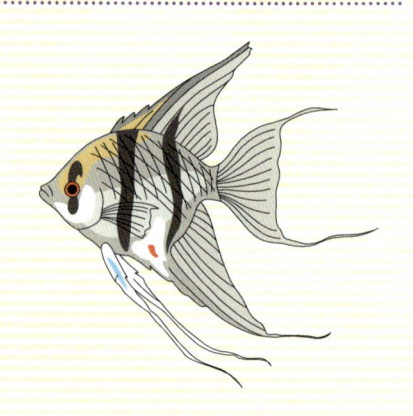

ポップアイ

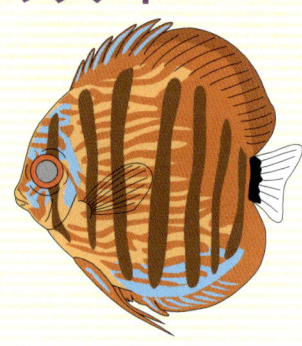

■症状
目玉が突き出して、出目金のような顔つきになる。

■薬剤
エルバージュエース

■治療法
原因も治療法もはっきりしていないが、なんらかの細菌に感染していることが原因ともいわれている。

■注意点・予防法
動きが緩慢になるため、ほかの魚に攻撃されないように、別の水槽で飼ったほうがよい。

エラ吸虫症

■症状
病原虫がエラに寄生して、エラがとけたり黄色い粘液がついたりして、エラ蓋がきちんと閉まらなくなる。酸素不足のため、水面で苦しそうにパクパクしたり、フラフラと泳ぐのでわかりやすい。

■薬剤
リフィッシュ

■治療法
駆虫剤による薬浴。

■注意点・予防法
水槽ごとリフィッシュによる薬浴。
早期に治療すれば治る可能性は高いが、進行するとなかなか治らない。
野外の水を水槽に持ち込まないようにする。

背こけ

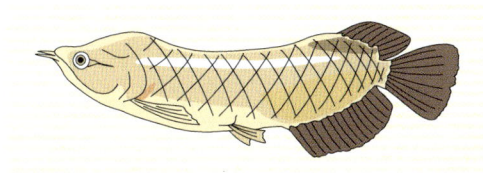

■症状
背や腹がやせこけ、体が変形してくる。

■薬剤
特になし

■治療法
ビタミンバランスのよいエサを与え、適正な水質を保つ。

■注意点・予防法
成長期に酸素や栄養が不足したり、悪いエサを長期にわたって与えつづけることで発病するので、日常管理を再点検してみよう。

腹部拡張

■症状
エサを与える前から腹が丸くふくらんでいる。

■薬剤
特になし。

■治療法
原因も治療法もはっきりしていない。

■注意点・予防法
一目で異変がわかるころには、魚は大きなダメージを受けているので、元に戻ることはほとんどない。

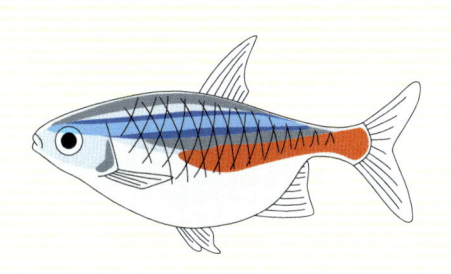

体形異常

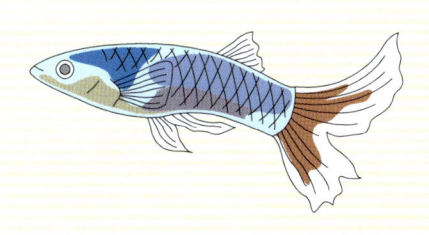

■症状
背骨が曲がったり、体形がほかの魚と明らかに違う。

■薬剤
特になし。

■治療法
特になし。

■注意点・予防法
先天的なものもあるが、稚魚の段階での栄養不良や代謝不良、骨格や筋肉を損傷したことで異常があらわれることがある。
卵や稚魚の段階は、温度や水質、エサの種類など、成魚以上にきっちりと管理する。

水草の育て方

基本がわかれば初心者でもだいじょうぶ

世話がたいへんといわれる水草だが、必要な器具をそろえ、基本的な知識さえ身につければ初心者でも育成できる。美しい水草レイアウトを楽しむためにも、水草の飼育法をきちんと理解しよう。

水草ももとは陸上植物

　水草と聞くと、最初から水の中で生活していた植物という印象を持つが、実は陸上の植物が、なんらかの環境の変化に応じて水中の生活に適応したものなのだ。

　水草には、水陸どちらでも育成できるものもある。だが、陸上で生育したときと水中で生育したときとでは、明らかに見た目が違う。というのも、陸上で生育した水草を水につけると、陸上用の葉が全部枯れ落ち、新しく水中用の葉が出てくるのだ。

　ショップによっては、陸上で生育したものを販売しているところもあるので、水中用への変化の様子を楽しむこともできる。

水草には二酸化炭素と光が欠かせない

　水草も陸上植物と同様、二酸化炭素をとり込み、それを光のエネルギーによって体を構成する物質に変化させる光合成によって生長する。だが、水中にある二酸化炭素は水面から空中に放出されやすいため、水槽内では二酸化炭素が不足しやすい。水草の中には、弱光、低二酸化炭素の環境でも生長するものもあるが、一般的には CO_2 添加キットを使用したほうが育成しやすい。さまざまな種類があるので、金額や水草の量などを考えて選ぶようにしよう。

　また、肥料を必要とする種もある。水草の肥料には、水にとかすタイプの液体肥料と砂に埋めるタイプの固形肥料の2種類ある。液体タイプは定期的に必要な量を少しずつはかって入れ、固形タイプは、根をよく伸ばす下部の草のそばに埋めるようにすると効果的だ。

水草は環境の変化にデリケートな生き物

　飼育環境をととのえたにもかかわらず、植えた水草が数日で枯れてしまうということも少なくない。その場合は、もう一度水槽の環境を再点検してみよう。

＼ 水草が枯れる主な理由 ／

- ●光量不足……必要とするだけの光が得られない
- ● CO_2 不足……必要とするだけの二酸化炭素がない
- ●肥料の過不足……肥料を与えすぎたり、必要とする養分が得られない
- ●水温……適温より高かったり低かったりする
- ●病気……病原菌やカビにおかされた

点検するポイントは、

1. 光量

2. 二酸化炭素

3. 肥料の過不足

4. 水温

5. 病気

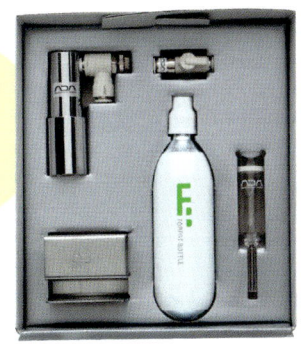

二酸化炭素の添加器具。CO_2アドバンスシステム-フォレスト／（株）アクアデザインアマノ

　また、水草育成のための器具や肥料は、同時にコケをふやしてしまう要因にもなる。特に水槽セッティング初期はコケが異常に発生することがよくある。この場合、水質が落ち着くまでの一時的なものであることが多い。設置後1週間ほどでコケが異常発生した場合は、コケとり用の器具でガラス面や底砂のコケをとり除き、水草についたコケは手でやさしくふきとるとよい。とれないコケは、ヌマエビ、イシマキガイや、コケを食べる熱帯魚を投入すれば、徐々にとり除いてくれる。

錠剤タイプの水草生長促進剤。テトラ クリプト／スペクトラム ブランズ ジャパン（株）

　最初はコケの多さに驚くが、あわてて水換えをしたり、水質を変えてしまうコンディショナーを使わずに、じっくり改善するのを待つ。コケはガラス面や底砂などに必ずつくものなので、掃除のときに定期的にとり除くようにしよう。

水草育成専用ソイル。プロジェクトソイル水草／（株）アクアシステム

こぢんまりしたクリプトコリネ・ウェンドティ・〝グリーン〟。CO_2の添加も必要なく、初心者向き。

レース状の葉が美しいマダガスカルレースプラント。葉は弱く、とてもデリケートだ。

STAGE 5

水草のトリミング

水中ガーデニングを楽しもう

美しい状態をキープするために手入れをするガーデニングのように、水槽の水草も伸びすぎたらトリミングをする。いつもきれいな水槽を維持するためには、ちょっとした手間が重要なのだ。

上手に世話をすれば美しく育つ

　水草の生長は、環境がいいことの証明でもあるので、飼い主にとってはうれしいことだ。が、あまり育ちすぎると見た目も美しくないし、水槽の低いところまで光が届かず、前景の背の低いものが枯れてしまう。そこで必要になるのが、不要な葉をカットするトリミングだ。

　水草は有茎水草、ロゼット型、その他の3種類に分類され、それぞれによってトリミング方法が違う。有茎水草は生えている状態でカットすると、枝分かれした茎が斜めに伸びるので、ボリュームを出したいとき以外は、1本ずつ引き抜いてトリミングしなければならない。それにくらべると、ロゼット型は株の外側にある葉の根元部分をカットするだけで、あまり手間がかからない。また、浮き葉を出す種類のものは伸びてきた段階でカットすると、見た目にもすっきりする。

アクアリウムの楽しみは、熱帯魚の観賞だけでなく、美しい水草レイアウトにもある。

　また、ロゼット型は順調に生長すると、ランナーという横にはう茎を伸ばし、その先に子株をつける。これをほうっておくとその場所に根をおろしてしまうので、子株の根が植えられるくらい伸びたら、ランナーから切り離して植えるようにする。

水草の手入れを怠ると、水草が底床から浮いてしまうこともある。こうなる前に、こまめに手入れをして、美しい水槽を楽しみたい。

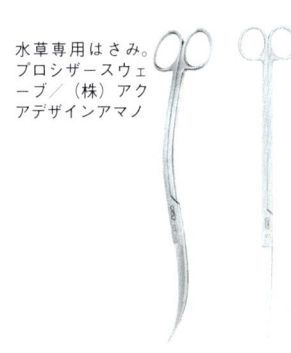

水草専用はさみ。プロシザースウェーブ／（株）アクアデザインアマノ

水草専用はさみ。プロシザースＳストレートタイプ／（株）アクアデザインアマノ

バット

プロピンセットＬ／（株）アクアデザインアマノ

有茎型トリミングの手順

1

1本ずつ根元をつまんで引き抜く。

2

抜いた水草をバットに並べる。

3

②の水草を好みの長さにカットする。カットするときは、節のすぐ下を切るようにする。

4

1本ずつピンセットで植えていく。③でカットした上の部分を植えてボリュームを出してもいい。

熱帯魚・水草　用語解説

◆アルファベット

CO₂ ······················· 二酸化炭素。アクアリウムでは、主に水草の育成のために使われる。

CO₂ 高圧ボンベ ····· 液体二酸化炭素のボンベ。レギュレーターを用いて使う。

CO₂ コントローラー······ CO₂ を添加する時間を調整する器具。タイマーを用いて電磁弁を開閉する。

CO₂ 専用チューブ ····· 水槽に CO₂ を添加するときに使うチューブ。CO₂ を通さない素材でできている。

CO₂ ボンベ ··········· CO₂ を出す高圧ボンベのこと。

CO₂ 連続測定器 ····· pH を測定する器具。一度水槽に設置すると、1〜3週間ほどそのまま測定できる。

pH ························· →ペーハーの項参照。

◆ア

アカムシ ··············· 体が赤いので、アカムシと呼ばれる、ユスリカの幼虫。多種類の魚に好まれるため、餌づけや体力回復に与えられる。生きた状態のもの、冷凍、乾燥したものなどがある。

アクアリウム ········ 水生生物を飼育・栽培する水槽、水族館、繁殖地などの総称。

アクアリスト ········ 水槽を管理する人。

亜種····················· もとは一つの種類だったものが、環境に適応するなどして異なった遺伝子を持つようになったグループのこと。

アトマイザー ········ ボンベから送られてくる CO₂ を、水槽の水によくとけるようにこまかくする器具。

脂ビレ ················· 魚の背ビレから尾ビレの間にある、小さなヒレのこと。種類によってない魚もある。カラシンの仲間の特徴として知られる。

アマゾン ··············· 南米のアマゾン川流域一帯のこと。数多くの熱帯魚が生息する。

アルビノ種 ··········· 体じゅうの色素がなくなってしまった突然変異種のこと。目にも色素がないので、血管が透けて赤く見える。

泡巣 ··················· グラミーやベタなどの雄が、子育て用に泡で作る巣のこと。

アンモニア ··········· 毒性が高く、魚や水草には有害な物質。従属栄養細菌により、残餌・魚のフン・枯れ葉などの有機物が分解されたもの。ろ過層がうまく働いている場合、硝化バクテリアのニトロソモナスにより、亜硝酸に変化する。

アンモニウムイオン····· 残餌・魚のフン・枯れ葉などの有機物が、従属栄養細菌により分解されたもの。直接、魚や水草には影響はない。pH などの変化により、アンモニアに変化する。

生き餌（いきえ）····· 生きたままの状態でエサに使うもの。小型魚にはアカムシやイトミミズ、大型魚には金魚なども与える。

一年草 ················· 1年で発芽、開花、結実し、最後には枯れて、種子を残す植物。

イトメ ················· 生き餌によく使われる、糸状の赤く細長いミミズ。イトミミズとも呼ばれる。

イモ類 ················· 根や葉を出すイモ状の植物。休眠期がある。

ウエーブ ··············· 植物に見られる波状の葉。

浮き草 ················· 水面に浮かぶ水生植物。

羽状脈 ················· 1本の太い中央脈と、その両側に羽根状に走っている側脈を持つ葉脈。

ウロコ················· 魚類・爬虫類の体の表面をおおう薄片。ウロコのない魚もいる。

エアストーン········· 効率よく水中に酸素をとけ込ませるために、エアポンプから送り込まれる空気をこまかくする器具。分散器とも呼ばれる。

エアポンプ··········· 水槽などに、空気を送り込むための器具。

エアレーション ····· エアポンプなどを使って、水槽内に空気を送り込むこと。

液肥 ··················· 液状の肥料。

エッグスポット ····· アフリカンマウスブリーダーシ

クリッドの雄が尻ビレに持つ斑紋のこと。卵形なのでこう呼ばれる。産卵する雌が卵とまちがえてくわえようとしたときに放精して、口内の卵を受精させるためにある。

尾ぐされ病………… 尾ビレなどが腐る病気。薬品による治療が必要。

尾ビレ……………… 魚の尾に生えているヒレのこと。種類によって、形も異なり、ソードテールのように特徴がある魚もいる。

親株……………… 子株を作る繁殖のもとになる株。（＝母株、マザープランツ）

◆カ

塊茎……………… 塊状の茎。貯蔵物質（でんぷん）などを蓄積するために、地下茎の一部が肥大したもの。

海水魚……………… 熱帯地方の海水に生息し、飼育対象とされる魚の総称。

外部ろ過装置……… ポンプが内蔵されたろ過装置。水槽の外にホースなどをつなげて設置する。

改良品種…………… 人の手によってつくり出される品種。（⇔野生種）

拡散器……………… 水槽の水に CO_2 を添加する器具。

拡散筒……………… 拡散器の一種。CO_2 を水にとけ込ませる筒状の器具。

学名……………… 生物の種類につけられた、唯一無二の呼び名。世界共通。

隠れ家……………… 岩や流木を組み合わせて作る、魚が身を隠せる場所。（＝シェルター）

活着……………… 植物が流木や岩などに根を張ること。

カラシン…………… 熱帯魚を代表するひとつの仲間の総称。ネオンテトラやピラニアなどが含まれる。

ガラス蓋…………… 保温や魚の飛び出し防止のため、水槽の蓋として使う。

換水……………… 水槽の水をとり換えること。

乾眠……………… 卵を水から数週間出しておかないと、孵化しないメダカがいる。この期間を乾眠（＝夏眠）という。

帰化……………… 本来の生息地から人為的に移された場所で、定着・繁殖するようになること。アメリカザリガニがその代表例。

基茎部……………… 茎の最も下の部分。

基茎葉……………… 基茎部から生える葉。

基質産卵…………… 粘着性の卵を岩や流木などに産むこと。例＝ディスカスやエンゼルフィッシュ

汽水……………… 河口などの海水と淡水の入りまじる水のこと。

汽水域……………… 河口などの海水と淡水が入りまじる場所。

汽水魚……………… 汽水に生息する魚のこと。

逆ヘッドスタンダー 頭を常時上のほうに向けている魚。例＝ペンシルフィッシュ

逆流防止弁………… エアポンプや CO_2 ボンベを止めたときに、エアホースから水槽の水が逆流するのを防止するストッパー。

球茎……………… 地下茎の一種。養分を蓄えて球形に肥大したもの。

休眠期……………… 一時的に生物の成長・活動が停止する期間。

鋸葉……………… のこぎり状に切れ込んだ縁を持つ葉。

グッピー………… 世界じゅうで親しまれ、多くの改良品種がある卵胎生メダカの代表。

茎下部……………… 有茎水草の、茎の下のほうの部分。

茎節……………… 茎にある節のこと。

茎頂部……………… 茎の先端部。

茎頂葉……………… 茎の先端部から生える葉。

原種……………… 品種改良される前の個体。自然な状態のままの個体。

現地採集…………… 生息している場所で魚を捕獲すること。

好気性バクテリア …… バクテリアの一種で酸素を必要とするもの。例＝ニトロソモナス、ニトロバクター

後景……………… 水槽レイアウトの目安となる、位置区分の一つ。前景・中景に対する呼び方で、水槽の奥の景色をさす。

高光量……………… 光量が多いこと。

光合成……………… 植物が CO_2 と光を用いて、O_2（酸素）と養分を合成すること。（＝

交雑 …………… 異なる種類の雄と雌がかけ合わさってしまうこと（または、かけ合わせること）。例＝モーリーとソードテール

硬水 …………… 硬度が 10 以上の水。アフリカのシクリッドなどが好む水質だが、一般的な熱帯魚の飼育には不向き。せっけんが泡立ちにくいなどの特徴がある。

交接器 …………… →ゴノポジウムの項参照。

硬度 …………… 水にとけているカルシウムイオン、マグネシウムイオンなどの濃度。

高肥料 …………… 植物に必要な肥料が多く与えられている状態。

光量 …………… 水槽に当たる光の量。

子株 …………… 親株からふえた株。

固形肥料 ………… 固形状の肥料のこと。

枯死 …………… 植物が枯れること。

互生 …………… 茎の各節から葉が 1 枚ずつ交互に生えていること。

古代魚 …………… 昔から形質を変えずに、現在まで生き残ってきた魚の総称。例＝アロワナ、ポリプテルス、エイの仲間

ゴノポジウム ……… 生殖時に雌の体内に精子を送り込めるように変化した雄の尾ビレ。卵胎生メダカに見られ、雌雄を判断するポイントとなる。（＝交接器）

コリドラス ………… 南米を生息地とするナマズの仲間。

混泳 …………… 一つの水槽の中で、いろいろな種類の魚をまぜて飼育すること。

根茎 …………… 地中に横たわり根のように見える茎。

根生植物 …………… タンポポのように、葉が根元から出ている植物。ロゼット型。

◆サ

擦過傷 …………… 魚が網や水中のレイアウトなどに接触したり、ほかの魚からの攻撃によってできた傷。スレ傷。

サンゴ砂 ………… 珊瑚礁からできた砂。硬度や pH を上昇させる特徴がある。

産卵ケース ……… 卵胎生メダカの繁殖によく使われる小型のケース。生まれた稚魚が親魚に食べられないように、また弱った魚を入れるために、水槽内に設置して使う。

産卵筒 …………… 産卵床として使われる筒。ディスカスやエンゼルフィッシュに用いられる。陶器製が多い。

シクリッド ………… エンゼルフィッシュ、ディスカス、アピストなどに代表される熱帯魚のグループ。

従属栄養細菌 ……… 残餌・魚のフン・枯れ葉などの有機物を、独立栄養細菌（ニトロソモナス、ニトロバクター）が吸収できるように、こまかくするバクテリアのこと。

就眠運動 …………… 光の明暗に反応し、葉を閉じたり開いたりする植物の習性のひとつ。ミリオフィラムなどの仲間は、点灯していても、自分の寝る時間がくると、葉を閉じることが知られている。

シュロ …………… 網目状の細い繊維質で、シュロというヤシの木の皮。メダカやバルブなどの産卵床に使われる。

上面式ろ過装置 ….. 水槽の上に設置するタイプのろ過装置。

尻ビレ …………… 腹ビレと尾ビレとの間にあるヒレのこと。尾ビレにつながっている種類もある。

人為分布 ………… 人の手によって、ある地域に本来は存在していなかった種類の分布を広めてしまうこと。例＝ブラック・バス、ブルーギル

人工海水 ………… 人為的に海水を作るためのもと。汽水を作る際にも使う。

人工飼料 ………… 魚の栄養を考えて作られた人工的なエサ。魚の種類に合わせて各種あり、生き餌にくらべて扱いやすい。

水温計 …………… アクアリウムには欠かせない、水の温度をはかるための器具。現在はデジタル式や液晶タイプなどもあり、初心者にも使いやすい。

水質 …………… 水の性質。含まれている成分により異なり、pH 値や硬度など、

	その指標もさまざまだ。		イアウトの手法のひとつ。
水上葉 ……………	水面より上で生えた葉。	炭酸ガス …………	CO_2 の慣用名。
水生植物 …………	水辺で生育する植物の総称。	炭酸同化作用 ………	→光合成の項参照。
水槽 ………………	水を入れるなどして、生き物を飼育するための入れ物。大きさ、材質、形もいろいろ。	淡水 ………………	湖沼や河川など、塩分を全く含まない水。
		淡水魚 ……………	淡水に生息している魚の総称。
水中根 ……………	茎から水中に露出している根。	チェックバルブ ……	→逆流防止弁の項参照。
水中葉 ……………	水生植物が水中で育てる葉のこと。	地下茎 ……………	根のように、地中に伸びる茎のこと。
スケールイーター …	ほかの魚のウロコ（スケール）をはぎとって食べる魚のこと。例＝ウィンブル、ピラニア	稚魚 ………………	孵化したばかりの幼魚。
		中景 ………………	水槽の中ほどの景色。前景・後景に対する呼び方。
スターティングプランツ……	新品の底床に、いちばん最初に植える比較的丈夫な水草。例＝ハイグロの仲間	抽水植物 …………	根は水底に、茎や葉の一部は水上にある植物。
		頂芽………………	茎の先端に出る芽。
スポンジフィルター …	水中モーターやエアポンプと組み合わせて使うろ過装置のこと。稚魚を吸い込むことが少ない。	頂葉………………	茎の先端につく葉。
		珍カラ ……………	「珍しいカラシン」の略称。輸入量が少ないカラシンのことを、熱帯魚上級者が好んで使う言葉。
スレ傷 ……………	魚が水草やほかの魚からの攻撃によってできた傷。擦過傷ともいう。		
		追肥 ………………	肥料を追加すること。
		つみおろし ………	水草をふやすためにトリミングすること。
性的二型 …………	体の形や色が、雌雄で全く違う魚のこと。		
		低温草 ……………	低い温度で生育する水草。
セイルフィン ………	背ビレのこと。	ディスカス ………	親魚の体表から出る粘液で稚魚を育てることで知られている、円盤状の体形をしたシクリッドの仲間。世界じゅうで親しまれ、多くの改良品種がある。
節間 ………………	水草の茎にできた節と節の間。		
背ビレ ……………	背中にあるヒレ。		
前景 ………………	水槽の前のほうの景色。中景・後景に対する呼び方。		
剪定 ………………	→トリミングの項参照。	低肥料 ……………	植物の生育に必要な肥料が少ない状態。
全縁 ………………	葉に、凹凸がなく、縁もなめらかなこと。		
		底面式ろ過装置 ……	エアポンプや水中モーターと組み合わせて使う、水槽の底のろ過装置のこと。
ソイル ……………	土状の底床。主に水草に使用する。		
藻類 ………………	コケのような、水中に生息する下等植物の総称。	テトラ ……………	観賞魚として人気の高い、小型カラシンの仲間の総称。
側線 ………………	平衡感覚を保ったり、水の動きや音を感じる感覚器官。体の横に線状に並んでいる。	テラリウム ………	同じ水槽内に水域と陸上域とを作り、水陸両方を楽しむレイアウトスタイル。陸上域には、コケやハイドロカルチャーなどに植えることが多い。
底床 ………………	水槽の底に砂利などを敷いて作る床。		
◆タ			
対生 ………………	葉が茎の各節から２枚ずつ互いに向かい合って出ること。	デルタテール ………	グッピーの尾ビレの形のひとつ。三角形なのでこの名がついた。
体側 ………………	側線やいろいろな模様がついている、体の横の部分。	闘魚 ………………	ベタあるいはランブルフィッシュとも呼ばれる魚のこと。一つのコップに入れるとはげしく闘うことから、この名がついた。
ダッチアクアリウム ……	オランダ園芸の影響を受けたレ		

独立栄養細菌 ……… 従属栄養細菌が小さくした有機物（アンモニア・アンモニウム）を、亜硝酸に分解するニトロソモナス、亜硝酸塩を硝酸塩に分解するニトロバクターをさす。

トリミング ………… 葉や茎を切って水草の生長を調整すること。

◆ナ

投げ込み式 ………… エアポンプで作動させる簡単なろ過装置。

生餌（なまえ）……… 生のまま、または生きているエサのこと。

ナマズ …………… 淡水魚最大の集団をつくっている魚の総称。猫のようなヒゲが特徴。

軟水 ……………… 硬度が9以下の水。

二次淡水魚 ………… もとは海水魚だったものが、しだいに淡水に適応して、淡水魚となった種類のこと。

ニトロソモナス ….. アンモニア・アンモニウムを亜硝酸に分解する細菌。好気性バクテリアの一種。

ニトロバクター ….. 亜硝酸塩を硝酸塩に分解する細菌。好気性バクテリアの一種。

熱帯魚 …………… 熱帯地方・亜熱帯地方に生息している魚の総称。海に生息している熱帯性海水魚と、川・池・湖などに生息している熱帯性淡水魚に分かれる。日本では主に、淡水と汽水に生息する魚の総称として使われる。

◆ハ

肺魚 ……………… 肺に似た器官で呼吸することができる、古代魚の仲間。乾季は繭をつくって過ごすものもいる。

葉裏 ……………… 葉の裏側。

白点病 …………… 体に白い斑点ができる病気。水温が低くなるとなりやすい。薬剤で治療することができる。

白変種 …………… 体の色素がなくなり、白色もしくは黄色くなった突然変異種のこと。ただし、アルビノ種とは違って、目は普通の色をしている。

バックスクリーン ‥ 水槽の中や外にはるプラスチック製などのシートのこと。アクアリウム用品のアクセサリーのひとつ。

発光バクテリア ….. 体側に寄生し、光を反射するバクテリアの一種。例＝ゴールデンネオンテトラ

発情期 …………… 繁殖を行うために、雄が雌を誘う期間。

腹ビレ …………… 魚の腹についている一対のヒレ。吸盤状に変化している種類もある。

バルダリウム ……… 自然の湿地帯を再現するもの。アクアリウムやテラリウムと違って、部屋全体で表現する傾向がある。

バルブ …………… 球茎のこと。

斑入り …………… 斑点状の模様が葉に入っていること。

ヒドラ …………… 水槽内に発生する、腔腸動物のこと。

ピラニア ………… 肉食魚として有名な、カラシンの仲間。

肥料 ……………… 植物に必要な栄養分。

ファンテール ……… 大きなうちわ（ファン）のような、尾ビレのこと。

フィッシュイーター ….. 小魚などを主食としている魚のこと。例＝スポッテッドガー

孵化 ……………… 卵がかえること。稚魚になり、出てくること。

腹水病 …………… 魚の腹に水がたまる病気。

複葉 ……………… 2枚以上の小さな葉を持つ葉。

節 ………………… 茎から葉が出る部分。

部分換水 ………… 水槽の水の一部を交換すること。

ブラインシュリンプ ….. 汽水に生息している甲殻類の一種。生まれたばかりの稚魚に、この幼虫を与えることが多い。

ブラックウォーター ….. 多くのタンニンがとけ込んでいる水質。添加剤などで人工的に再現することも可能。

プレコ …………… 独自に進化した、南米に生息しているナマズの仲間の総称。

吻部（ふんぶ）……… 口を含めた、口先のこと。

ペア ……………… 仲のよい雄と雌のこと。

ペーハー …………… 水素イオン濃度。水中の水素　イオンの量をあらわす単位でpHとあ

らわす。pH7.0を中性として、それより数値が高い場合はアルカリ性、低い場合は酸性となる。

ペーハーコントローラー ····· 水中のpH値を自動制御する装置。

ヘッドスタンダー ····· 常に頭を下に向けている魚。例＝リーフフィッシュ

ベントス食性 ········ 砂ごとエサを口に含み、口の中でエサと砂をより分けて食べる食性。

本種 ················ 本書でもよく出てくる言葉。この魚という意味。

◆マ

マウスブリーダー ····· 卵や稚魚を口の中で守る繁殖形態のこと。アフリカの湖産シクリッド、アロワナ、チョコレートグラミーなどが有名。

マザープラント ····· 親株のこと。

水カビ病 ··········· 体に白いカビ状のものが繁殖する病気。薬を用いて治療する。（＝線かぶり病）

水草ファーム ········ 水草を栽培する農場のこと。

耳 ················ 耳たぶのように葉の一部がふくらんでいる状態。

脈幅 ··············· 葉脈の幅。

無茎草 ·············· 葉のみで、茎を持たない水草のこと。

胸ビレ ·············· 魚の胸についている一対のヒレのこと。種類によってはムチ状に変化している。

迷宮器官 ··········· →ラビリンス器官の項参照。

藻類 ··············· 熱帯魚の世界でいうコケ。流木や石、水槽のガラス面に付着する。

◆ヤ

野生種 ·············· 人の手を加えられることなく、自然のままに生息している種類のこと。（⇔改良品種）

有茎草 ·············· 茎のある水草のこと。底床に根を張り、水面に向かって茎を伸ばす。

溶存酸素量 ········· 水の中にとけ込んでいる酸素の量のこと。量が少ないと魚が死んでしまうので、エアレーションなどで補う。

◆ラ

雷魚 ··············· 釣りの対象として人気のあるスネークヘッドの仲間。日本に帰化している。

ライヤーテール ····· 尾ビレの上下端が伸長するもの。

ラビリンス器官 ····· アナバスやベタなどの仲間にある、補助呼吸器官の名称。エラ呼吸だけでなく、空気呼吸もできる。複雑な構造からラビリンス（迷宮）の名がついた。（＝迷宮器官）

ラビリンスフィッシュ ···· ラビリンス器官などを持った魚の総称。例＝アナバス、スネークヘッドの仲間

卵生メダカ ·········· メダカの一種。卵を産んで育てる。例＝日本のメダカ、アフリカンランプアイ

卵胎生メダカ ········ メダカの一種。稚魚になるまで腹の中で卵を育てて、稚魚を産むのが特徴。例＝グッピー

ランナー ············ 水草が新たな株を発生させるために、横に伸びた枝。

輪生 ··············· 葉が茎の各節から3枚以上出ていること。

レギュレーター ····· CO_2 や O_2 のボンベにとりつけて、ガスの排出量を調整したり、減圧するのに用いる器具。

ロゼット状 ·········· 短い茎から葉が広がり、根から葉が出ているように見える葉のつき方。

◆ワ

ワグタイプ ·········· 黒いヒレを持つ種類のこと。例＝ゴールデン・ワグプラティ

熱帯魚索引

水 草 索 引

監修 水谷尚義（みずたになおよし）

1970 年生まれ。京都に生まれ、滋賀県で育ち、幼少のころより琵琶湖や野洲川など、自然に接していたことから魚類に興味を持ち始める。長年ペットにかかわる仕事につき、特に観賞魚全般についての知識が豊富。

写真 森岡 篤（もりおか あつし）

1967 年生まれ。三重県立水産高校卒業。東京タワー水族館勤務後、コマーシャル撮影を専門とするスタジオオートジャイロの（故）小池功氏のもとで写真の勉強をする。1994 年、㈱ピーシーズ入社、熱帯魚の写真発表を開始。アマゾンや東南アジアの国々をめぐり、1998 年、フリーカメラマンに。熱帯魚関連の出版物多数。デジタル写真による水槽撮影の世界を追求している。

装丁／佐藤学（stellablue）
本文デザイン／フリッパーズ
イラスト／秋元ちよ子・芦原由美子・藤野定治
写真／山崎浩二
撮影協力／荻野菊宏・加治佐郁代子・
　　　　　河田修二・野内幸雄
取材・文／濱田恵理
校正／安倍健一
編集担当／池上利宗（主婦の友社）

■協力店
㈱アクアシステム ☎ 03-3914-6481
㈱アクアデザインアマノ ☎ 0256-78-7861
㈱ウォーターエンジニアリング ☎ 084-983-3270
㈱エヴァリス ☎ 03-5688-4741
貝沼産業 ☎ 052-771-1811
神畑養魚㈱ ☎ 079-297-5420
㈱キョーリン ☎ 079-289-3739
寿工芸㈱ ☎ 0743-66-2208
ジェックス㈱ ☎ 072-966-0054
㈲ジクラ ☎ 042-789-7888
水作㈱ ☎ 03-5812-2552
㈱スドー ☎ 052-936-4891
スペクトラム ブランズ ジャパン㈱ ☎ 045-322-4330
太平洋セメント㈱ ☎ 03-5531-7416
日本動物薬品㈱ ☎ 03-3694-1725
㈱フレックス ☎ 06-4801-7451
㈱マルカン ニッソー事業部 ☎ 072-931-0375

■参考文献
『ATLAS of Freshwater Aquarium Fishes』Dr.Axelrod（T.F.H. 社）
『熱帯魚 1400 種図鑑』（ピーシーズ）
『熱帯魚と水草』木村義志（主婦の友社）

はじめての熱帯魚と水草 アクアリウム BOOK（ねったいぎょ みずくさ・ブック）

2018 年 6 月 30 日　第 1 刷発行
2023 年 5 月 31 日　第 7 刷発行

編　者　主婦の友社
発行者　平野健一
発行所　株式会社主婦の友社
　　　　〒141-0021
　　　　東京都品川区上大崎3-1-1　目黒セントラルスクエア
　　　　電話　03-5280-7537（編集）
　　　　　　　03-5280-7551（販売）
印刷所　大日本印刷株式会社

Ⓒ Shufunotomo Co., Ltd.　2018　Printed in Japan　ISBN978-4-07-431757-8

■本書の内容に関するお問い合わせ、また、印刷・製本など製造上の不良がございましたら、
　主婦の友社（電話03-5280-7537）にご連絡ください。
■主婦の友社が発行する書籍・ムックのご注文は、お近くの書店か
　主婦の友社コールセンター（電話0120-916-892）まで。
＊お問い合わせ受付時間　月～金（祝日を除く）　9:30 ～ 17:30

主婦の友社ホームページ　https://shufunotomo.co.jp/

※本書は『最新 はじめての熱帯魚と水草』（2010年刊）を再編集したものです。